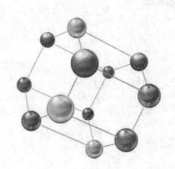

Python 3.7
编程快速入门

潘中强 薛 焱 著

清华大学出版社
北京

内 容 简 介

随着人工智能时代的到来，Python 已经成为主流开发语言。本书就是针对完全零基础入门的读者，采用最小化安装+极简代码的教学方式，让读者学练结合，达到入门 Python 与网络爬虫编程的目的。

本书分为 16 章，从 Python 版本的演化、环境的搭建开始，逐步介绍 Python 3.7 语言的语法基础，包括内置类型、流程控制、函数、类和对象、异常处理、模块和包、迭代器、装饰器、多线程、文件和目录、正则表达式、网络编程、urllib 爬虫、Beautiful Soup 爬虫实战与 Scrapy 爬虫实战等。

本书概念清晰，内容简练，是广大 Python 与网络爬虫入门读者的佳选，同时也非常适合高等院校和培训学校相关专业的师生教学参考。

图书在版编目（CIP）数据

Python 3.7 编程快速入门 / 潘中强，薛燚著. —北京：清华大学出版社，2019（2019.10重印）

ISBN 978-7-302-51799-3

Ⅰ. ①P… Ⅱ. ①潘… ②薛… Ⅲ. ①软件工具－程序设计 Ⅳ. ①TP311.561

中国版本图书馆 CIP 数据核字（2018）第 269519 号

责任编辑：夏毓彦
封面设计：王　翔
责任校对：闫秀华
责任印制：刘海龙

出版发行：清华大学出版社
　　　　网　　　址：http://www.tup.com.cn，http://www.wqbook.com
　　　　地　　　址：北京清华大学学研大厦 A 座　　　　邮　　编：100084
　　　　社 总 机：010-62770175　　　　邮　　购：010-62786544
　　　　投稿与读者服务：010-62776969，c-service@tup.tsinghua.edu.cn
　　　　质量反馈：010-62772015，zhiliang@tup.tsinghua.edu.cn

印 装 者：三河市铭诚印务有限公司
经　　销：全国新华书店
开　　本：190mm×260mm　　印　　张：18.5　　字　　数：474 千字
版　　次：2019 年 2 月第 1 版　　印　　次：2019 年 10 月第 3 次印刷
定　　价：59.00 元

产品编号：081508-01

前 言

- Python 如何用来获取网上的数据?
- 如何分辨 Python 2.X 和 Python 3.X?
- 如何选择适合自己的 Python 版本?
- 学习 Python 用什么工具?
- 用 Windows 系统还是 Linux 系统?
- 人工智能这么火,零基础能学 Python 吗?
- 如何用一本书学会 Python 与网络爬虫?

随着 Python 语言的普及,越来越多非计算机专业的人们开始学习它,而面对 Python 越来越复杂的功能,小白读者比较迷茫,如何学?怎么学?本书由浅入深,由理论到实践,尤其适合初级读者逐步学习和完善自己的 Python 知识结构,最终具备自学 Python 编码的能力。本书也适合需要快速切入 Python 编程语言的技术人员。

本书特色

1.完全零基础入门,不需要任何前置知识

针对入门读者,将概念通俗化地解释出来,针对 Python 语法,采用小示例代码演示的讲解方式,让读者演练结合,没有长篇大论,无须计算机系统基础,完全零基础入门。

2.代码格式统一,讲解规范

书中尽可能为每个语法都提供代码演示,复杂内容提供详细流程。这样使得读者可以很清晰地知道每个技术的具体实现步骤,从而提高学习的效率。

3.循序渐进,由浅入深

从 Python 安装到编辑器的使用,到第一个 Python 程序,读者每个概念每一步都可以明明白白,中间没有任何门槛,技术都是平滑过渡,也非常适合自学 Python。

木书内容

第 1 章介绍 Python 的历史,了解 Python 2.X 和 Python 3.X 的区别,了解 Python 3.7 的变化,然后搭建 Python 开发环境,选择 Python 代码编辑器,并最终实现第一个 Python 程序。

第 2 章简要介绍 Python 语言的一些基础知识，让读者对学习一门语言有一个概要的了解，为后面学习具体的语法铺路。

第 3 章介绍 Python 语言的内置类型，包括简单类型、常量类型、序列、列表、元组、字符串、字典、集合等，这些是一门开发语言的基础，正是它们构成了程序代码的最小单元。

第 4 章介绍流程控制和函数。它们可以帮助我们更好地管理代码，比如有些重复代码就可以放在一个函数中，这样每次只需调用函数，无须重复编码。

第 5 章介绍类和对象。Python 中一切皆为对象，所以了解本章就能更透彻地了解 Python 语言的基础。看完本章，读者就能看懂一点 Python 的源码了。

第 6 章介绍在 Python 中如何处理异常。如果要让自己的代码更安全更健壮，就必须学会异常的处理，这样当程序出错时可以更好地引导程序完成，而不是中断。

第 7 章介绍模块和包。很多人可能已经知道 Python 的包和模块多如牛毛，那么该如何导入别人的包、如何创建自己的包呢？学会本章，能让我们看到更多 Python 应用的可能性。

第 8 章介绍元类和新型类。本章会提及很多 Python 2.X 和 3.X 的区别，让读者了解 Python 中类的进化，这样就能进一步熟悉 Python 源码了。

第 9 章介绍 Python 迭代器、生成器、装饰器的内容。这些内容有一定的难度，但非常有用，方便代码的封装，能让代码看起来更简洁有力。

第 10 章介绍多线程。多线程的场景在现实中非常常见，比如双 11 时那么多人同时在线抢购一件商品，此时该如何处理程序呢？多线程的作用就体现出来了。

第 11 章介绍文件和目录。虽然我们平时的计算机操作中经常和文件、目录打交道，但是如何移动一个文件、如何添加文件的内容都需要靠代码和函数来实现。

第 12 章介绍正则表达式。针对零基础读者，本章详细介绍正则应用的概念、语法和原理，并演示 Python 中正则模块的各种用法。

第 13 章介绍网络编程。我们都经常上网，经常聊天，这些都是网络编程的功劳。本章不仅介绍网络编程的一些基础概念，还使用 Python 实现一个简单的聊天案例。

第 14 章介绍 urllib 爬虫。爬虫的工具很多，本章讲解的并不复杂，使用 Python 自带的 urllib 模块，演示常见的爬虫方法，其他爬虫工具其实也是基于 urllib 的，学会了它，就可以举一反三。

第 15 章是 Beautiful Soup 爬虫实战。读者在了解多个爬虫框架的同时，能发现 Beautiful Soup 让复杂项目变得可行，新手入门更喜欢多个框架并行研究，找到适合自己的框架。

第 16 章是 Scrapy 爬虫实战。前面已经学习了很多 urllib 爬虫基础，本章则让读者了解如何利用 Scrapy 框架简化自己的爬取项目工作。

代码下载

本书示例源代码下载地址可以通过扫描右边的二维码获得。

如果下载有问题，或者对本书有什么疑问，请联系电子邮箱 booksaga@163.com，邮件主题为"Python 3.7 编程快速入门"。

本书读者

- Python 与网络爬虫初学者
- Python 网络爬虫开发人员
- 其他语言转行 Python 的程序员
- 高等院校和培训学校的师生

本书第 1~12 章由平顶山学院的潘中强著、第 13~16 章由薛燚著。

著　者

2018 年 10 月

目　录

第 1 章

◀Python简介▶

Python 是一种面向对象的解释性的计算机程序设计语言，也是一种功能强大而完善的通用型语言，已经具有十多年的发展历史，成熟且稳定。Python 的语法简捷而清晰，同时有着丰富和强大的类库，可以满足日常开发方方面面的需求。

本章的主要内容是：

- 从整体上介绍 Python 语言。
- Python 语言开发环境的安装。
- Python 3.X 的特性。

1.1 Python 的历史

Python 的创始人为 Guido van Rossum。1989 年圣诞节期间，Guido 为了打发圣诞节的无趣，决心开发一个新的脚本解释程序，作为 ABC 语言的一种继承。之所以选中 Python（大蟒蛇的意思）作为程序的名字，是因为他是一个 Monty Python 的飞行马戏团的爱好者。

ABC 是由 Guido 参加设计的一种教学语言。就 Guido 本人看来，ABC 这种语言非常优美和强大，是专门为非专业程序员设计的。但是 ABC 语言并没有成功，究其原因，Guido 认为是非开放造成的。Guido 决心在 Python 中避免这一错误（的确如此，Python 与其他的语言如 C、C++和 Java 结合得非常好）。同时，他还想实现在 ABC 中闪现过但未曾实现的东西。

就这样，Python 在 Guido 手中诞生了。实际上，第一个实现是在 Mac 机上。可以说，Python 是从 ABC 发展起来的，主要受到了 Modula-3（一种相当优美且强大的语言，为小型团体所设计的）的影响，并且结合了 UNIX 和 C 的习惯。

虽然 Python 在国内受关注也只是近几年的事情，但是在计算机语言里面，Python 可以算是历史悠久的语言。Python 有着近 20 年的历史，版本的推进相当稳健，事实上 Python 历史比 Java 更悠久，后者是在 1991 年被设计出来的（当时名叫 oak），而真正以 Java 这个名字闻名于世则是在 1995 年。

1.2 为什么使用 Python

Python 支持面向过程、面向对象、函数式编程以及其他编程风格，简洁而极具表达力的语法和丰富而实用的组件，能让我们事半功倍地完成任务。Python 的开发效率要比 Java、C/C++高出好几倍。有一个比较有意义的比较例子是在 C、Java 和 Python 三种语言之间进行的，目标是开发符合 SSH（Secure Shell）服务端协议的软件包。

- C 语言：OpenSSH，直接基于 UNIX 系统服务，从 1999 年开始开发，4 年之后共有 64 000 行 C 源代码。2003 年时，开发者列表上共有 84 人，平均每人写了 762 行代码，也就是 190.5 行/人年。
- Java 语言：J2SSE，基于 Java 1.3 Standard 版提供的 API，从 2002 年初开始开发，由 SUN 官方支持，2003 年拥有 20 000 行 Java 源代码，开发者共 7 人，平均每人 2857 行代码，即 1 428.5 行/人年。
- Python 语言：Conch，基于 Twisted Framework，项目起点时间不详，大致为 2002 年中，到 2003 年共有 5 000 行源代码，开发者为 1 人，约 4 000~5 000 行/人年。

有人根据上面的案例推算，C、Java 和 Python 的开发效率应该为 1:4:10。Java 是否可以比 C 语言高出 4 倍的开发效率，还是颇值得怀疑的。然而 Python 比 C/C++和 Java 这样的静态语言高出几倍效力却是不争的事实。

值得一提的是，在 Twisted 网站官方文档上说，Conch 的运行时性能并不逊色于 OpenSSH。在同一台计算机上，OpenSSH 每秒钟可接纳 3 个连接，传输速度为 7.4MB/s。纯 Python 实现的 Conch 每秒钟可接纳 8 个连接，传输速度为 3MB/s。经过 Psyco 编译优化后，每秒钟可接纳 11 个连接，传输速度为 8.1MB/s。

不只是开发效率，Python 帮助程序员更关注问题的本质，而不用担心语言的细节，不需要担心内存泄漏、意外中断。对于 C/C++、Java 程序员来说，Python 是很好的原型开发工具，可以快速地实现大脑中的想法，在 Python 做出原型之后再使用 Java，或者 C/C++对性能需要提高的部分进行改造。

1.3 搭建 Python 开发环境

在开始讨论 Python 之前，必须要在计算机上运行 Python，这对学习它是非常有益的。这样读者就可以一边学习一边运行案例代码了。

1.3.1 安装 Python

Python 的安装非常简单，直接从官方网站下载 Python 的安装程序。www.python.org 提供了不同的操作系统上的 Python 安装包，为 UNIX、Mac OS X 提供了源码安装包，而对于 Windows 操作系统则提供二进制安装包（exe 版本）。

　　读者可以按照自己的操作系统下载相应的版本，对于 Windows 和 Linux，可以分别下载已经编译好的二进制编译版本，然后在操作系统里运行安装程序就可以安装到电脑中。

　　因为 Python 是一个开发的源代码的项目，所以可以下载 Python 的源代码到自己机器上编译，与使用二进制的发行版相比，这种方式给予了对安装选项更多的控制。对于需要在 UNIX、Mac OS X 操作系统安装 Python 的读者来说，尽量使用这种安装方式。

1．Windows 下的直接安装

一般初学者会选择这种直接安装方式，这里给出详细步骤。

　　（1）打开 https://www.python.org/downloads/官网，在首页就可以看到下载项，如图 1.1 所示。

图 1.1　官网下载

　　（2）这里我们要根据自己的操作系统来选择，单击 Windows 连接进入具体的安装包下载界面。Windows 版本包括 32 位和 64 位，根据自己的机器进行选择。

图 1.2　选择版本

（3）下载后的文件名是 python-3.7.0.exe，若是 64 位系统则下载后的文件名为 python-3.7.0-amd64.exe。直接双击安装文件，安装首页如图 1.3 所示。在首页中勾选 And Python 3.7 to PATH 复选框，这样安装后就不需要再设置 Python 的执行路径。

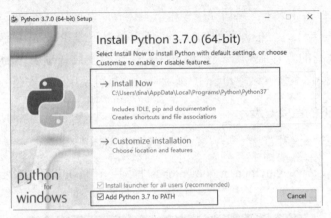

图 1.3　安装首页

（4）单击 Install Now 进行安装，安装速度很快，不需要做任何其他操作，安装完成的界面如图 1.4 所示，非常简单。

图 1.4　完成页面

（5）单击 Close 按钮，此时在开始菜单会添加如图 1.5 所示的菜单项。这里有 4 项内容，分别是：

- IDLE（Python 3.7 64-bit）：官方自带的 Python 集成开发环境。
- Python 3.7（64-bit）：我们常说的 Python 终端。
- Python 3.7 Manuals（64-bit）：CHM 版本的 Python 3.7 官方使用文档。
- Python 3.7 Module Docs（64-bit）：模块速查文档，有网页版本。

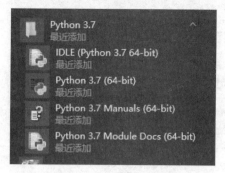

图 1.5　Python 的菜单项

（6）安装后，打开操作系统的"高级系统设置|高级|环境变量|用户变量|path"，会看到默认已经设置好了 Python 的路径，如图 1.6 所示。

图 1.6　Python 路径

2．下载源码的安装方式

（1）首先从官网下载源代码，如图 1.7 所示。目前 Python 最新的版本为 3.7.0，所以进入源码页面后选择 Python 3.7.0。

图 1.7　选择源码

（2）选择版本后，进入具体文件选择页面，如图 1.8 所示。

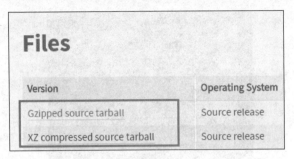

图 1.8 选择具体文件

在官网上，一般提供了两种压缩格式的代码包：

- Gzipped source tarball：tgz 格式，在 UNIX 下用 tar 和 gunzip 压缩的文件。
- XZ compressed source tarball：tar.xz 格式，这是 Linux 下用 XZ 压缩的文件，XZ 是一个免费的软件，是压缩软件中最新的压缩率之王。

对于 tgz 格式，我们可以使用下面的步骤解压：

```
%tar xzf Python-3.7.0.tgz
```

对于 bz2 格式，我们可以使用下面的步骤解压：

```
%xz -d Python-3.7.0.tar.xz
%tar xvf Python-3.7.0.tar
```

（3）安装 Python 的源代码树到 python/子目录中。在目录里可以找到 README 文件，它详细解释了安装的过程。总的来说，和编译其他开发源代码程序所使用的命令相同，也使用这些命令：./configure、make、make test、make install。一般先运行./configure，通常该命令后需要带具体的参数（参数参考 README 文档），configure 运行结束以后，可以运行 make 编译源代码，然后 make test 编译测试文件，最后使用 make install 完成安装。

当然读者也可以在 Windows 下编译 Python，可以使用 Cygwin 这样的 POSIX 模拟环境，也可以使用 VC++编译器，详细的情况可以参考 Win32 目录下的 README。

> POSIX 表示可移植操作系统接口（Portable Operating System Interface of UNIX）。

1.3.2 运行 Python

和编译式语言不同，可以有两种方式运行 Python：

- 以交互的方式输入代码直接运行。
- 先创建程序文件，再运行。

以交互方式运行代码是体验 Python 最快的方式，很适合学习 Python 时使用，但是一般情况下都是创建程序文件，直接运行程序文件的。

1. 以交互方式运行 Python

● 在 Windows 系统下，在系统菜单下单击 Python 菜单下的 IDLE，或者直接打开 cmd 窗口，输入 "python" 命令。

● 在 UNIX 操作系统下，只需要在 shell 中输入 "python" 命令就可以了。

以 Windows 为例，运行 Python 的方式如图 1.9 所示。

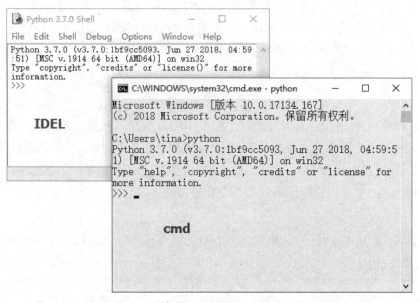

图 1.9　运行 Python

2. Python 程序

在 Windows 下，Python 脚本和其他程序一样双击运行。当然，也可以在 cmd 窗口中输入程序名字运行，例如：

```
python test.py
```

在 UNIX 或者 Linux 下，可以在 shell 下，使用 python+python 程序文件名运行。例如，一个 Python 的程序名是 test.py，那么我们可以用以下方式运行：

```
%python test.py
```

用 chmod 命令将 test.py 设置为可执行，就可以将其作为可执行程序来运行。

```
%./test.py
```

 明

一般 Linux 发行版本已经默认安装了 Python，如需 Python 3.7.0，需要将默认安装的 Python 删除后重新安装。

1.3.3　选择 Python IDE

IDE 的全称是 Integration Development Environment（集成开发环境），一般以代码编辑器为核心，包括一系列周边组件和附属功能。一个优秀的 IDE，最重要的就是在普通文本编辑之外提供针对特定语言的各种快捷编辑功能，让程序员尽可能快捷、舒适、清晰地浏览、输入、修改代码。对于一个现代的 IDE 来说，语法着色、错误提示、代码折叠、代码完成、代码块定位、重构、调试器、版本控制系统（VCS）的集成等都是重要的功能。

IDE 是用来帮助程序员编程的工具，一个良好的 IDE 能够大大地提高程序员的开发效率。Python 的 IDE 种类繁多，下面对常用的 IDE 进行介绍，不过建议本书读者尝试和掌握 IDLE 与 PyCharm 两种常用的 IDE。

1. IDLE

IDLE 是 Python 标准发行版内置的一个简单小巧的 IDE，包括交互式命令行、编辑器、调试器等基本组件，足以应付大多数简单应用。IDLE 是用纯 Python 基于 Tkinter 编写的，最初的作者正是 Python 之父 Guido van Rossum 本人。IDLE 除了启动速度慢之外，功能太少也是一个很大的缺点，对于大型程序的开发不是非常方便。

 说明

> Tkinter 是 Python 的一个模块，调用了 TCL/Tk 的接口。TCL/Tk 是一个跨平台的脚本图形界面接口。

本书中一些简单的代码都会在 IDLE 中运行，以>>>开头，如图 1.10 所示。读者也可以不安装其他软件，使用这个简单的 IDLE。

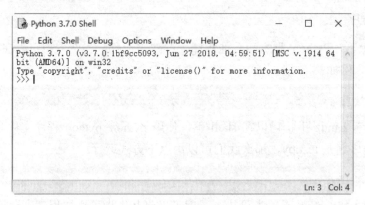

图 1.10　IDLE

如果是比较长的代码，就单击 File|New File 菜单打开编辑器，如图 1.11 所示。编辑后的代码，可以按 F5 键运行（前提是需要先保存文件）。

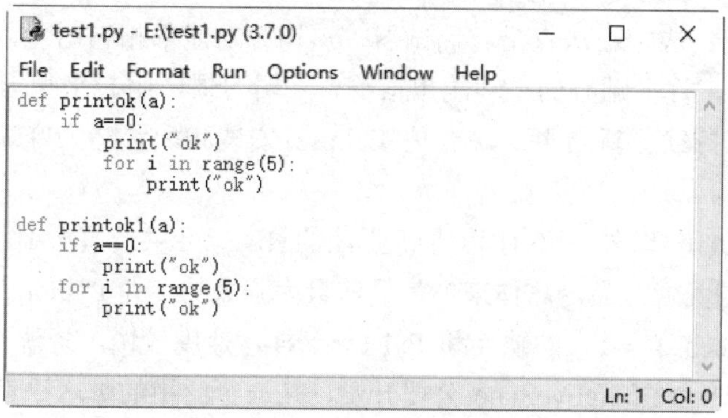

图 1.11　编辑代码

2.PyCharm

PyCharm 是一种 Python IDE，带有一整套可以帮助用户在使用 Python 语言开发时提高其效率的工具，比如调试、语法高亮、Project 管理、代码跳转、智能提示、自动完成、单元测试、版本控制。此外，该 IDE 提供了一些高级功能，以用于支持 Django 框架下的专业 Web 开发。

3.PythonWin

PythonWin 是 Python Win32 Extensions（半官方性质的 Python for Win32 增强包）的一部分，也包含在 ActivePython 的 Windows 发行版中。如其名字所言，只针对 Win32 平台。

总体来说，PythonWin 是一个增强版的 IDLE，尤其是易用性方面（就像 Windows 本身的风格一样）。除了易用性和稳定性之外，简单的代码完成和更强的调试器都是相对于 IDLE 的明显优势。

4.Emacs 和 Vim

这两个都是 UNIX/Linux 下的著名工具，并且号称是这个星球上最强大（以及第二强大）的文本编辑器。这两个工具，学习曲线都比较陡峭，并且设计理念是大量使用快捷键带来最大的便利，对于习惯于 Windows 底下 GUI（图形用户界面，Graphical User Interface）操作的人来说，使用不太习惯。

5.VS Code & Atom

VS Code 和 Atom 是支持全平台的 IDE，它们自由免费，可以根据需要自行定制，可以自由添加、删除插件，对 Python 的支持非常好。它们是目前比较流行的 IDE，但成也萧何败也萧何，就是太自由了，对初级用户而言可能就没有那么方便了。

6.Eclipse + PyDev

Eclipse 是一个开放源代码的软件开发项目，专注于为高度集成的工具开发提供一个全功能的、具有商业品质的工业平台。Eclipse 是新一代的优秀泛用型 IDE，具有不逊于 Emacs 和 Vim 的可扩展性，并且是图形化界面，操作起来也很方便。PyDev 是 Eclipse 上的 Python 开发插件中最成熟完善的一个，而且还在持续的活跃开发中。除了 Eclipse 平台提供的基本功能之外，PyDev 的代码完成、语法查错、调试器、重构等功能都相当出色，可以说在开源产品中是最为强大的一个，许多贴心的小功能也很符合编辑习惯，用起来相当顺手。PyDev 更新速度很快，目前还在持续更新当中，缺点是 Eclipse 安装和配置略为麻烦，运行起来速度不快，而且比较占资源。

除了以上那些 IDE 以外，还有其他商业性的 IDE 可供选择，比如说 WingIDE——Wingware 公司开发的商业产品，总体来说是目前最为强大的专业 Python IDE，是开源项目，可以申请到免费的 license，最大的缺点和 PyDev 一样，速度较慢，资源占用多。Komodo 是另一个优秀的商业产品，由 ActiveState 公司开发，是一个泛用的脚本语言 IDE，除了 Python 外还支持 JavaScript、Perl、PHP、Ruby 等多种语言。读者可以在实践中选择自己喜欢的 IDE，这里就不一一列举了。

在上面的 IDE 中，Eclipse + PyDev 比较全面和方便，调试方式也和 VC++较为相似。对于习惯图形界面调试的读者，使用较为方便。在开发大型的 Python 程序的时候，推荐读者使用。

1.4 Python 语言特性

Python 语言最大的一个特性就是简洁明了，可读性强，但并不是说 Python 没有 Java、C、Ruby 那么强大，Python 同样拥有像 Ruby 那样动态语言强大的特性。本节叙述 Python 的语言特性。

1.4.1 Python 的缩进

这是 Python 语言和其他语言非常不同的一个地方，Python 使用缩进来表示程序块，而不用传统的大括号，或者用 begin...end 这样的字符来表示。请看下面的例子 1.1。

例子 1.1 缩进方式比较

```
01    //以下是 C 语言
02    int fib(int a)
03    {
04        if(a==1||a==2)
05        {
06            return 1;
07        }
08        else
09        {
10            return fib(a-1)+fib(a-2);
11        }
12    }
```

```
13
14   #以下是 Python 语言
15   def fib(a):
16       if a==1 or a==2:
17           return 1
18       else:
19           return fib(a-1)+fib(a-2)
```

上述代码中，第一个函数是 C 语言实现的（第 2~12 行），它的程序块是通过大括号来表示的。一对大括号，就表示一个程序块，而一个程序块则表示 C 语言的一个作用域。第 15~19 行的 Python 则通过缩进（一般是 4 个空格或者一个 Tab 键）来代替大括号。

 明

> 作用域是指某个变量有效的区域，在 C 语言中，根据作用域的不同，变量可以分为全局变量、局部变量等。

Python 用缩进的方式来表达程序块，对于习惯于用其他语言的读者可能不太适应，但是其优点还是很明显的。通过这种表达方式，Python 程序的风格比较统一，代码可读性也比较强，同时省去了敲大括号或者 begin...end 之类的符号。

Python 通过缩进的层次来判断程序的执行顺序和逻辑。每个程序块和程序块是并行的关系还是包含的关系，取决于其缩进的空格数，如例子 1.2 所示。

例子 1.2　Python 缩进举例

```
01   def printok(a):
02       if a==0:
03           print("ok")
04           for i in range(5):
05               print("ok")
06
07   def printok1(a):
08       if a==0:
09           print("ok")
10       for i in range(5):
11           print("ok")
```

在上面的代码中，printok 和 printok1 的代码不同的是 for i in range(5)前面的空格数。在 printok 中，第 4 行的 for i in range(5)多了四个空格，所以它就属于 printok 程序块的一部分，它的运行必须满足 a==0 这个条件；在 printok1 中，第 10 行的 for i in range(5)的空格数和 if a==0 是一样的，所以它们是并行关系，不管 a==0 是否满足，for i in range(5)都会运行。

需要注意的是，Python 缩进要使用 Emacs 的 Python-mode 默认值：4 个空格一个缩进层次，永远不要混用制表符和空格。最流行的 Python 缩进方式是仅使用 4 个空格，其次是仅使用制表符。混合着制表符和空格缩进的代码将被转换成仅使用空格，这就可能会造成代码的缩进层次混乱。缩进方式不正确，也是初学者遇到的最常见的问题。

1.4.2　Python 的序列

　　Python 序列是 Python 重要的语言特性之一。Python 含有多种序列、列表、元组（tuple）、字典，字符串其实也是序列。Python 序列的特色是：序列可做运算，包括加法、乘法，可以做切片，支持序列的复制、序列可以负索引等。下面来看例子 1.3。

例子 1.3　Python 序列的特性

```
>>> a=[1,2,3]
>>> b=[4,5]
>>> c=a+b
>>> print(c)
[1, 2, 3, 4, 5]
>>> d=c*2
>>> print(d)
[1, 2, 3, 4, 5, 1, 2, 3, 4, 5]
>>> print(d[0:2])
[1, 2]
>>> print(d[-3:-2])
[3]
>>> print(d[-3:-1])
[3, 4]
```

1.4.3　对各种编程模式的支持

　　Python 是一种面向对象的编程语言。不过不像其他面向对象的语言，Python 并不强迫我们用面向对象的方法来写程序，允许我们用面向过程的方式来写模块、函数等。Python 甚至可以使用函数式的编程方式来编程。

　　Python 社区多为实用主义者，并不追求彻底完美的面向对象语法（比如 Ruby 和 Java）。使用何种编程模式来编写程序取决于程序员的需要，不过 Python 对面向对象仍然支持得非常好，不但支持类、对象、继承、私有、公有成员、多态、重载这些面向对象语法，而且支持多重继承、类的公共属性等特性。

1.4.4　Python 的动态性

　　Python 支持的动态性主要包括：

- 语义的动态
- 语句的动态
- 对象属性的动态
- 基类的动态改变

1. 语义的动态

语义的动态改变，就是变量通过赋值来决定变量的类型，而且通过赋值可以改变变量的类型。目前大部分脚本语言都支持这个特性。下面来看例子 1.4。

例子 1.4　Python 的动态语义

```
>>> a=1
>>> type(a)
<class 'int'>
>>> a='12'
>>> type(a)
<class 'str'>
>>> a=1.3
>>> type(a)
<class 'float'>
>>> a=[1,2,3]
>>> type(a)
<class 'list'>
```

变量 a，随着赋值操作，类型也随之发生变化，这就是语义的动态。

2. 语句的动态

语句的动态，是指 Python 可以把代码写到一个字符串里，然后运行，也可以执行一个文件里的代码，以把代码作为参数传给 Python 程序或者代码，Python 代码本身可以作为参数传给 Python 程序运行，如下面的例子 1.5 所示。

例子 1.5　Python 代码作为参数传递

```
>>> i = 2
>>> j = 3
>>> exec("sum = i + j")
>>> print("sum is : %s" %sum)
Sum is : 5
```

3. 对象属性的动态

对象属性的动态，就是可以动态地新增一个对象的属性、删除一个属性、使用 getattr() 得到一个对象的属性、使用 setattr() 来修改设置对象的新属性、使用 delattr() 删除对象的属性。有时还可以用 a.newattr=attr 来设置新属性。下面来看例子 1.6。

例子 1.6　动态增加对象属性

```
>>> class A(object):
...     a=3
...
```

```
>>> a=A()
>>> print(a.a)
3
>>> setattr(a,"new_member","新参数")
>>> print(a.new_member)
新参数
```

对象 a 是类 A 的实例化，通过 setattr 给对象 a 增加一个属性 new_member。需要注意的是，我们给对象 a 增加属性 new_member，并没有给类 A 增加 new_member，所以用 A 实例化对象时，新对象仍然只有一个属性 a。

> 实例化就通过类生成一个对象实例，一般称为类实例化。这方面的知识在"类和对象"
> 一章会详细介绍。

4. 基类的动态改变

继承基类的动态改变是指可以动态地改变一个类的继承基类、增加继承的基类，使一个类拥有新的基类方法，而不用修改原来的基类的方法。这个听起来比较抽象，现在讲会显得复杂，估计等学完"类和对象"就明白了。

1.4.5　匿名函数、嵌套函数

Python 函数方面的语言特性主要包括参数可选、参数支持默认值，也可以改变参数的赋值顺序，而且支持像 C 语言 printf 那样的可变参数。Python 支持单行函数、匿名函数、嵌套函数，还支持函数作为参数进行传递，这些特性使得 Python 能够支持函数式编程，像 LISP或者 Haskell 那样使用函数式的思维模式进行编程。有关这部分内容，我们将在讨论函数的章节做详细讨论。

1.4.6　Python 自省

自省的英文为 introspection（有的翻译为"内省"，有的翻译为"反射"），是 Python的一大特性。Guido 创造 Python 时，不希望把 Python 创造成一个需要程序员不时去翻阅语法书的复杂语言，所以 Guido 给予了 Python 非常强大的自省能力。

所谓自省，对人而言，是指对某人自身思想、情绪、动机和行为的检查，如"吾日三省吾身"。对计算机编程而言，查找某些事物以确定它是什么、它知道什么以及它能做什么。通过自省能力，我们就可以通过 Python 解释器知道现在有什么对象、包、函数可用，用来做什么以及如何用等信息。自省能力还能动态地对对象的状态进行判断等。Python 对自省提供了深入的广泛的支持，这个特性使得 Python 编程体验变得非常便捷。在本书以后章节会穿插一些小技巧点来介绍 Python 的自省能力。

除了上面的一些特性之外，Python 还有很多语言特性，比如支持异常处理，并且支持异常中 else 判断，支持循环语句 else（在 Python 的循环语句中，可以有 else 子句，表示没有使用 break 语句退出循环，即循环正常结束时要执行的语句，在 for、while 中均有），支持同时赋值，连接比较、对象持久化等各种特性，这些内容将在以后的章节具体讨论。

1.5　Python 2.X、Python 3.X 与 Python 3.7

相对于 Python 2.X 而言，Python 3.X 的升级是一个较大的改变。为了不带入过多的累赘，Python 3.0 在设计的时候没有过多地考虑向下兼容。许多 Python 2.X 的程序都无法在 Python 3.X 上运行（也有专门的程序可以将 Python 2.X 的程序转换成 Python 3.X 的程序）。新的 Python 程序建议使用 Python 3.X 版本的语法，而且大多数第三方库都正在努力地兼容 Python 3.X 版本。

1.5.1　Python 2.X 和 Python 3.X 的区别

Python 2.X 和 Python 3.X 内部变化在这里不会详述，这里只简述使用时最明显的几个变化，以便于读者看到 Python 的旧代码就知道是不是 Python 2.X 版本。

1. print()函数

在 Python 2.X 中，print 是语句；到了 Python 3.X，print 是函数。

```
##Python 2.X 中 print 的用法
>>> print "abcd"
>>> print ("abcd")  #print 后面有空格
>>> print("abcd")
###Python 3.X 中 print 的用法
>>> print("abcd")
```

可以看出，在 Python 3.X 中 print 只能以函数的方式调用。

2. 数据类型

Python 3.X 去除了 long 类型，只有一种整型——int，但它的范围就像 Python 2.X 版本的 long。

Python 3.X 新增了 bytes 类型，对应于 Python 2.X 版本的八位串。

Python 2.X 有 ASCII str()类型，unicode()是单独的，不是 byte 类型。现在，在 Python 3.X 中有了 Unicode（UTF-8）字符串，以及一个字节类：byte 和 bytearrays。Python 3.X 源码文件默认使用 UTF-8 编码。

3. range 和 input

在 Python 2.X 中有两种方式可以创建列表（有序序列）range 和 xrange，一个生成的是列表，一个生成的是生成器。到了 Python 3.X 中，只剩下了一个 range()函数可用，而且在 Python 3.X 中 range()函数返回的是一个对象。这跟 Python 2.X 是截然不同的。

Python 3.X 中的 input()函数完全取代了 Python 2.X 中的 raw_input()函数。Input 的返回值必定是一个字符串。这样就避免了输入参数类型的麻烦。

4. 模块改名

Python 3.X 整合了 Python 2.X 几个功能相似的模块，削减了几个不常用或者重复的功能，并将几个模块改名。如 Python 3.X 将 Python 2.X 中的 urllib2、urlparse、robotparser 并入 urllib 模块。

1.5.2　Python 3.7 的新增功能

与 Python 3.6 相比，Python 3.7 于 2018 年 6 月 27 日发布，本小节介绍几个常用的新增功能。对于入门读者而言，这些内容其实并不简单，所以读者也可以直接略过。

1. 强制 UTF-8 运行时模式

UTF-8（8-bit Unicode Transformation Format）是一种针对 Unicode 的可变长度字符编码，其优势是使用 UTF-8 编码的文字可以在各国各种支持 UTF-8 字符集的浏览器上显示，不管是中文简体、中文繁体还是日文、韩文等。

Python 一直支持 UTF-8，但是本地语言环境（locale）有时仍是 ASCII 码，而不是 UTF-8，检测语言环境的机制并不总是很可靠，所以 Python 3.7 添加了 UTF-8 运行时模式（假设 UTF-8 是环境提供的语言环境），可通过-X utf8 PYTHONUTF8 命令行开关启用，在 POSIX 语言环境中，UTF-8 模式默认情况下已被启用，但在其他位置默认情况下被禁用，以免破坏向后兼容。

2. 具有纳秒分辨率的新时间函数

现代系统中时钟的分辨率可能超过 time.time()函数及其变体返回的浮点数的有限精度。为了避免精度损失，Python 3.7 为模块增加了现有定时器功能的 6 个新"纳秒"变体 time，这些函数会以整数值的形式返回纳秒数。

- time.clock_gettime_ns()
- time.clock_settime_ns()
- time.monotonic_ns()
- time.perf_counter_ns()
- time.process_time_ns()
- time.time_ns()

3. 内置 breakpoint()

Python 附带内置的调试器，也可以连入第三方调试工具，只要它们能与 Python 的内部调试 API 进行对话。不过，Python 到目前为止缺少一种从 Python 应用程序里面以编程方式触发调试器的标准化方法。

Python 3.7 添加了 breakpoint()，可使函数被调用时让执行中断然后切换到调试器。相应的调试器不一定是 Python 自己的 pdb，可以是之前被设为首选调试器的任何调试器。以前，调试器不得不手动设置，然后调用，因而使代码更冗长。有了 breakpoint()后，只需一个命令即可调用调试器。

除以上介绍的 3 个常见特色外，还有以下几个改变：

- 基于散列的.pyc 文件。
- 自定义对模块属性的访问。
- 面向开发者的运行时模式。
- 新的 dataclass()装饰器。
- 新的模块 contextvars。

1.6　开始编程：第一个 Python Hello World

既然是第 1 章，我们就来写一个简单的 Hello World。打开 IDEL，输入如例子 1.7 所示的代码。

例子 1.7　Hello World

```
>>> print("Hello World")
Hello World
```

好了，是不是很简单？

1.7　本章小结

本章主要从整体上介绍了 Python 语言的历史和语言特性，讨论了 Python 的安装和 Python IDE 的选择，下一章将开始 Python 语言之旅。

第 2 章

◀ Python基础知识 ▶

学习一门语言，最基础的就是语法，一般就是数据类型、流程控制等。学习过其他语言的读者，可以在本章看看 Python 语言与其他语言的区别；没有学习过其他语言的读者，则需要在本章加强代码的练习。

本章的主要内容是：

- PyShell 的使用。
- Python 中的数值、字符串。
- 列表的使用。
- 流程控制。
- 函数的学习。

2.1　Python 的基础简介

前面学习了很多 Python 的理论知识，本节开始增加动手能力，先从 1+1 开始吧！

2.1.1　启动 Python 解释器

打开 IDEL 后，会出现主提示符 ">>>"，表示 Python 解释器已经启动起来了，解释器的行为就像是一个计算器。我们可以向它输入一个表达式，它会返回结果，例如：

```
>>> 1+1
2
>>> 2*3
6
>>> 4-5
-1
```

表达式的语法和大多数计算机语言是一样的，具有各种数字类型和四则运算，也可以使用括号来划分表达式的优先级，例如：

```
>>> (1+2)*3
9
>>> 3-(2+4)*2
-9
```

2.1.2　数值类型

可以尝试在 Python 解释器下输入各种类型的数值，不只是整数，也可以是小数，甚至可以是复数，例如：

```
>>> a=3
>>> b=3.246
>>> c=5+1j
>>> print(c)
(5+1j)
>>> print(b)
3.246
>>> print(a)
3
```

在上面的代码中，a 是整数，b 是小数，c 是复数，复数由两部分组成，虚部由一个后缀"j"或者"J"来表示。带有非零实部的复数记为"(real+imagj)"，符号"="是绑定的意思，意思就是说，a 以后和数字 3 绑定在一起了，只要提到 a，就知道它是数字 3，当然绑定是可以随时改变的，a 可以和数字 3 绑定在一起，也可以和其他数绑定在一起，例如：

```
>>> a=3
>>> a=3.5
```

同一个值可以同时赋给几个变量：

```
>>> x = y = z = 0    # x、y、z 都是 0
>>> x
0
>>> y
0
>>> z
0
```

不同的值也可以方便和几个不同的变量相绑定，例如：

```
>>> a,b,c=4,5,6
>>> a
4
>>> b
5
>>> c
```

2.1.3　字符串

在 Python 中，带单引号或者双引号的都是字符串，在 Python 中没有字符这个概念，单个字符也认为是字符串，例如：

```
>>> bb='china'
>>> aa="china"
>>> aa
'china'
>>> bb
'china'
```

字符串可以通过几种方式分行。可以在行尾加反斜杠作为继续符，这表示下一行是当前行的逻辑延续，例如：

```
>>> hello = "这是第 1 行\n\
...这是第 2 行\n\
...这是第 3 行\
...结束。"
>>>
```

或者字符串可以用一对三重引号"""或'''来标识。三重引号中的字符串在行尾不需要换行标记，所有的格式都会包括在字符串中，例如：

```
>>> hello = """希望你学的开心
Python 并不难。
一个小小的提示：
开心就好。"""
>>>
```

字符串可以用+号连接（或者说黏合），也可以用*号循环，例如：

```
>>> word = 'Help' + 'A'
>>> word
'HelpA'
>>> '<' + word*5 + '>'
'<HelpAHelpAHelpAHelpAHelpA>'
```

也可以使用字符串自带的方法来进行英文大小写转换。例如，upper()是转换成大写，而lower()是转换成小写：

```
>>> e_str='china'
>>> e_str.upper()
'CHINA'
>>> hh=e_str.upper()
```

```
>>> print(hh)
CHINA
>>> hh.lower()
'china'
```

字符串可以用下标（索引）查询；就像 C 一样，字符串的第一个字符下标是 0。这里没有独立的字符类型，字符仅仅是大小为一的字符串。就像在 Icon 中那样，字符串的子串可以通过切片标志来表示，两个由冒号隔开的索引，例如：

```
>>> hh.lower()
'china'
>>> word='Help'
>>> word[3]
'p'
>>> word[0:2]
'He'
>>> word[2:4]
'lp'
```

说明

切片（Slice），简单理解的话可以是截取，比如 10 个字母只截取中间的 3 个。Python 中的切片操作符是[]，里面使用数字，用冒号间隔，表示从第几位到第几位。如果没有冒号，只有 1 个数字，表示从第 1 个（下标为 0）开始截取。

需要注意的是，字符串是不可以更改的，可以创建新的字符串，但是绝不能更改存在的字符串，例如：

```
>>> word[3]='P'
Traceback (most recent call last):
  File "<stdio>", line 1, in <module>
TypeError: 'str' object does not support item assignment
>>> word[0]='h'
Traceback (most recent call last):
  File "<stdio>", line 1, in <module>
TypeError: 'str' object does not support item assignment
```

可以使用已经存在的字符串去合并新的字符串，例如：

```
>>> 'h'+word[1:]
'help'
```

2.1.4　列表

列表是 Python 中的容器，用于组织其他的值，为中括号之间用逗号分隔的一列值（子项）。列表的子项不一定是同一类型的值，例如：

```
>>> aa=['china',2,3,4]
>>> aa
['china', 2, 3, 4]
```

像字符串一样，列表也以 0 开始，可以被切片、连接等：

```
>>> a=['spam', 'eggs', 100, 1234]
>>> a[0]
'spam'
>>> a[3]
1234
>>> a[-2]
100
>>> a[1:-1]
['eggs', 100]
>>> a[:2] + ['bacon', 2*2]
['spam', 'eggs', 'bacon', 4]
>>> 3*a[:3] + ['Boe!']
['spam', 'eggs', 100, 'spam', 'eggs', 100, 'spam', 'eggs', 100, 'Boe!']
```

与不变的字符串不同，列表可以改变每个独立元素的值：

```
>>> a[2] = a[2] + 23
>>> a
['spam', 'eggs', 123, 1234]
```

列表可以进行切片操作，甚至可以改变列表的大小：

```
>>> #替换列表项
... a[0:2] = [1, 12]
>>> a=[1, 12, 123, 1234]
>>> # 移动列表项
... a[0:2] = []
>>> a
[123, 1234]
>>> # Insert some:
... a[1:1] = ['bletch', 'xy777']
>>> a
[123, 'bletch', 'xy777', 1234]
>>> a[:0] = a        #在开始处插入
>>> a
[123, 'bletch', 'xy777', 1234, 123, 'bletch', 'xy777', 1234]
```

 说明

本书第 3 章会详细介绍列表类型的使用，在这里简略介绍，也是因为后面的例子会用到。

2.1.5　流程控制

流程控制最重要的是两种流程控制方式：

- 选择语句
- 循环语句

提示

> 本章的流程控制和函数等相关技术点只是方便本章后面的案例编码，让读者可以有简单
> 的了解，详细技术点的分析会在后面的章节逐步展开。

1. 选择语句

Python 提供了 if...elif...else 语句进行选择分支，例如：

```
>>> x = int(input("输入一个数字："))
>>> if x < 0:
...     x = 0
...     print('不能小于 0')
... elif x == 0:
...     print(0)
... elif x %2 == 1:
...     print("单数")
... else:
...     print("其他")
...
```

关键字 "elif" 是 "else if" 的缩写，可以有效避免过深的缩进。

2. 循环语句

Python 提供了几个不同的循环语句，最主要的有 for 和 while 语句。通常的循环可能会依据一个等差数值步进过程（如 Pascal）或由用户来定义迭代步骤和中止条件（如 C），Python 的 for 语句依据任意序列（列表或字符串）中的子项，按它们在序列中的顺序来进行迭代。例如：

```
>>> a = ['cat', 'Windows', 'defenestrate']
>>> for x in a:
...     print(x, len(x))
...
cat 3
Windows 7
defenestrate 12
```

在迭代过程中修改迭代序列不安全（只有在使用列表这样的可变序列时，才会有这样的情况）。如果想要修改迭代的序列（例如，复制选择项），可以迭代它的复本。通常使用切

片标识就可以很方便地做到这一点：

```
>>> for x in a[:]:
...     if len(x) > 6:
...         a.insert(0, x)
...
>>> a
['defenestrate', 'cat', 'Windows', 'defenestrate']
```

Python 中的 while 语句和 C 中使用的很相似，都是在 while 关键字后加一个循环表达式，当循环表达式为真或者 True 的时候，会一直循环着，当循环表达式为 False 的时候，会退出循环，例如：

```
>>> i=0
>>> while i<5:
...     print(i)
...     i+=1
...
0
1
2
3
4
```

2.1.6　函数

函数定义的关键字是 def，在其后必须跟有函数名和包括形式参数的圆括号。函数体语句从下一行开始，必须是缩进的。函数体的第一行可以是一个字符串值，这个字符串是该函数的文档字符串，也可称作 docstring，相当于代码的注释，代码中加入文档字符串是一个好的做法，应该养成习惯。

调用函数时会为局部变量引入一个新的符号表。所有的局部变量都存储在这个局部符号表中。引用参数时，会先从局部符号表中查找，再是全局符号表，然后是内置命名表。因此，全局参数虽然可以被引用，但是不能在函数中直接赋值（除非它们用 global 语句命名）。

函数引用的实际参数在函数调用时引入局部符号表，因此实参总是传值调用（这里的值总是一个对象引用，而不是该对象的值）。一个函数被另一个函数调用时，一个新的局部符号表在调用过程中被创建。

函数定义在当前符号表中引入函数名。作为用户定义函数，函数名有一个为解释器认可的类型值。这个值可以赋给其他命名，使其能够作为一个函数来使用。这就像一个重命名机制，例如定义一个计算斐波那契数列的函数：

```
>>> def fib(n):
        a, b = 0, 1
```

```
while b < n:
    print(b)
    a, b = b, a+b
```

提示

> 斐波那契数列（Fibonacci sequence）又称为黄金分割数列，指的是这样一个数列：1、1、2、3、5、8、13、21、34……

既可以直接调用该函数，也可以将函数作为值赋给其他变量：

```
>>> fib
<function object at 10042ed0>
>>> f = fib
>>> f(100)
1 1 2 3 5 8 13 21 34 55 89
```

2.2　开始编程：九九乘法表

在 2.1 节中，初步介绍了 Python 编程的一些基础语法知识，本节将应用 Python 的这些基础知识来编程实现一个简单的九九乘法表。

【本节代码参考：C02\py_2.1.py】

2.2.1　九九乘法表

九九乘法表是将 10 之内的数互相相乘的结果以三角形的样式打印出来，在本节的应用中，不只是要将九九乘法表以三角形的样式打印出来，还需要以倒三角形来打印九九乘法表。

2.2.2　编程思路

要以三角形、倒三角形的样式来打印九九乘法表，关键的编程要点有两个：

● 获得所有 10 之内乘法的运算式和结果。
● 将运算式和结果排版成正三角和倒三角的形式。

要获得所有 10 之内的乘法运算式和结果，最简单的方法是通过循环来实现，通过两个变量，让它们都在 10 之内双重循环，然后计算它们的结果，这样就可以得到 10 之内所有的运算式和结果，代码如下：

```
>>> def getall():
...     lis=[]
...     for i in range(1,10):
```

```
...          for j in range(1,i+!):
...              lis.append(str(i)+"*"+str(j)+"="+str(i*j))
...      return lis
```

函数 getall 使用了一个双重循环，该循环的作用就是将 10 之内互乘的运算式和结果都存放到列表 lis 中，这样就可以使用 getall 的返回值获得所有的互乘的运算式和结果，例如：

```
>>> getall()
['1*1=1', '2*1=2', '2*2=4', '3*1=3', '3*2=6', '3*3=9', '4*1=4', '4*2=8',
'4*3=12', '4*4=16', '5*1=5', '5*2=10', '5*3=15', '5*4=20', '5*5=25', '6*1=6',
'6*2=12', '6*3=18', '6*4=24', '6*5=30', '6*6=36', '7*1=7', '7*2=14', '7*3=21',
'7*4=28', '7*5=35', '7*6=42', '7*7=49', '8*1=8', '8*2=16', '8*3=24', '8*4=32',
'8*5=40', '8*6=48', '8*7=56', '8*8=64', '9*1=9', '9*2=18', '9*3=27', '9*4=36',
'9*5=45', '9*6=54', '9*7=63', '9*8=72', '9*9=81']
```

有了所有的互乘的运算式和结果，下面的工作就是如何组织这些运算式来排列成三角形和倒三角形，也就是说，要将列表 lis 的元素按照一定的规律输出到屏幕就可以了。

2.2.3 编程实现

九九乘法表使用最简单的 for 循环，还利用了 Python 特有的变量类型——列表。程序很简单，保存为 py_2.1.py，运行例子 2.1 将九九乘法表输出到终端。

例子 2.1 Python 打印九九乘法表

```
01 #!/usr/bin/env python3
02
03 def getall():
04     lis = []
05     for i in range(1, 10):
06         for j in range(1, i+1):
07             lis.append(str(j) + "*" + str(i) + "=" + str(i*j))
08     return lis
09
10 def printTab(lis, order = 'A'):
11     cpLis = lis[:]
12     if order == 'A': #顺序打印表格
13         cpLis.reverse()
14         for i in range(1, 10):
15             while i > 0:
16                 print("%s \t" %cpLis.pop(), end="")
17                 i = i - 1
18             print()
19     else: #倒序打印表格
20         for i in range(1, 10):
21             while (10 - i > 0):
22                 print("%s \t" %cpLis.pop(), end="")
23                 i = i + 1
24             print()
```

```
25
26
27 if __name__ == '__main__':
28     lis = getall()
29     printTab(lis, 'A')
30     print("\n"*2)
31     printTab(lis, "B")
```

可以在命令行执行命令：

```
python py_2.1.py
```

也可以在 IDEL 中单击 File|New File 打开编辑器，输入上述内容，保存为 py_2.1.py 后，按 F5 键运行。

执行结果如图 2.1 所示。

```
$ python py_2.1.py
1*1=1
1*2=2    2*2=4
1*3=3    2*3=6    3*3=9
1*4=4    2*4=8    3*4=12   4*4=16
1*5=5    2*5=10   3*5=15   4*5=20   5*5=25
1*6=6    2*6=12   3*6=18   4*6=24   5*6=30   6*6=36
1*7=7    2*7=14   3*7=21   4*7=28   5*7=35   6*7=42   7*7=49
1*8=8    2*8=16   3*8=24   4*8=32   5*8=40   6*8=48   7*8=56   8*8=64
1*9=9    2*9=18   3*9=27   4*9=36   5*9=45   6*9=54   7*9=63   8*9=72   9*9=81


9*9=81   8*9=72   7*9=63   6*9=54   5*9=45   4*9=36   3*9=27   2*9=18   1*9=9
8*8=64   7*8=56   6*8=48   5*8=40   4*8=32   3*8=24   2*8=16   1*8=8
7*7=49   6*7=42   5*7=35   4*7=28   3*7=21   2*7=14   1*7=7
6*6=36   5*6=30   4*6=24   3*6=18   2*6=12   1*6=6
5*5=25   4*5=20   3*5=15   2*5=10   1*5=5
4*4=16   3*4=12   2*4=8    1*4=4
3*3=9    2*3=6    1*3=3
2*2=4    1*2=2
1*1=1
```

图 2.1　九九乘法表

在例子 2.1 的第 13 行中，利用 list 列表的 reverse() 将列表中的元素倒置，然后利用 pop() 将元素逐个 "吐" 出并输出到屏幕上。

 注意

第 1 行一般应用在多个 Python 版本的环境下，指明使用的具体 Python 解释器。如果读者机器上只有一个 Python 版本，或者是通过 IDEL 进行编辑，就可以省略这 1 行。

2.3　本章小结

本章介绍了 Python 的基本知识，并安装好了 Python 的环境，用一个简单的程序展示了 Python 程序的流程控制。

第 3 章
◀Python的内置类型▶

和其他程序语言一样，Python 也有各种各样的内置类型，包括数字类型、字符串、列表、字符串、元组、字典等，相对于静态语言（比如说 C++、Java），Python 的数据类型功能更全面和强大。

本章的主要内容是：

- Python 类型分类。
- 每种类型的功能和用法。
- 演练各种类型。

3.1 Python 的类型分类

Python 不同于其他语言的一个重要概念是：Python 中的一切均为对象，虽然很多面向对象语言也有这样的概念，但是 Python 面向对象的原理和其他语言不同，主要有两点：

- 所有数值都封装到特定的对象中，Python 不存在像 C 中的 int 这样的简单类型。
- 所有东西都是对象，包括代码本身也被封装到对象中。

Python 的解释器内建数个大类，共二十几种数据类型，一些类别包含最常见的对象类型，如数值、序列等，其他类型则较少使用。后面几节将详细描述这些最常用的类型。表 3-1 列出 Python 内建的常见类型。

表 3-1　Python 内置类型

分类	类型名称	描述
None	NoneType	空对象
数值	IntType	整数
	FloatType	浮点数
	ComplexType	复数
序列	StringType	字符串
	UnicodeType	Unicode 字符串
	ListType	列表
	TupleType	元组
	RangeType	range()函数返回的对象
	BufferType	buffer()函数返回的对象

（续表）

分类	类型名称	描述
映射	DictType	字典
集合	Set	集合类型
可调用类型	BuiltinFunctionType	内建函数
	BuiltinMethodType	内建方法
	ClassType	类
	FunctionType	用户定义函数
	InstanceType	类实例
	ModuleType	模块
类	ClassType	类定义
类实例	InstanceType	类实例
文件	FileType	文件对象
内部类型	CodeType	字节编译码
	FrameType	执行框架
	TracebackType	异常的堆栈跟踪
	SliceType	由扩展切片操作产生
	EllipsisType	在扩展切片中使用

在表 3.1 所罗列的类型中，None 和数值类型构造和使用较为简单，为简单类型。内部类型在解释器调用的时候使用，程序员一般较少使用。本章主要讨论的是简单类型以及序列类型、映射和集合类型。

3.2　简单类型

Python 有 6 个不同的简单类型，分别是：

- 布尔类型（bool 类型）：用于逻辑运算和比较的类型。
- 整数类型（int 类型）：类似于其他计算机语言的 int 类型。
- 浮点类型（float 类型）：用来表示小数的类型。
- 复数类型（complex 类型）：用来表示复数的类型，包括实数和虚数两部分。
- None 类型：空类型，用来表示空或者无返回值。

3.2.1　布尔类型

Python 中最简单的内置类型是 bool 类型，该类型包括的对象仅可能为 True 或 False。这个类型主要用于布尔表达式。Python 提供 整套布尔比较和逻辑运算。

布尔运算主要有：

- 小于，比如 i<100。

- 小于等于，比如 i<=100。
- 大于，比如 i>100。
- 大于等于，比如 i>=100。
- 相等，比如 i==100。
- 不等于，比如 i!=100。

逻辑运算符号包括：

- 逻辑非，比如 not b。
- 逻辑与，比如（b<100）and（b>50）。
- 逻辑或，比如（b<500）or（b>100）。

> 逻辑运算符的优先级低于单独的比较运算符，所以在运用的时候，需要用括号来特别说明运算的优先级。

实际上，在 Python 中，不只可以用布尔类型来表示真和假，也可以用来其他类型表示真和假，还可以参加逻辑运算。例子 3.1 是 Python 真假判断的例子。

例子 3.1　Python 的真假判断

```
01  >>> a=0.0
02  >>> print(not a)
03  True
04  >>> a=1.0
05  >>> print(not a)
06  False
07  >>> a=0
08  >>> print(not a)
09  True
10  >>> a=1
11  >>> print(not a)
12  False
13  >>> a=[]
14  >>> print(not a)
15  True
16  >>> a=[1]
17  >>> print(not a)
18  False
19  >>> a=0.0
20  >>> print(True and a)
21  0.0
22  >>> print(True or a)
23  True
```

```
24   >>> a=0
25   >>> print(False and a)
26   False
27   >>> a=1
28   >>> print(False and a)
29   False
30   >>> print(True and a)
31   1
```

在 Python 中，除了 False 表示假以外，[]、{}、()、""、0、0.0、None 这些均表示假。而其他均为真。例子 3.2 演示了用 0 和 0.0 等来和布尔类型来进行布尔运算的情况。在 Python 中，任何类型都可以类似于布尔类型进行布尔运算，只不过需要牢记在 Python 中，不只是 0 为假，还包括[]、{}、()等各种等同于假的情况。

在 C/C++等程序语言里 0 为假、其他为真。使用 Python 时需要在这一点上注意一下。

对于布尔运算表达式，Python 并不是将整个表达式逐步执行，例如类似于 expr1 and expr2 的运算，若 expr1 为假则直接返回 expr1，而不会去处理 expr2，也就是说如果 expr1 为 0、0.0、空列表等各种为假的情况，该表达式直接返回 expr1，而不会去处理 expr2，只有当 expr1 为真的时候，才会去处理 expr2，返回 expr2 的值。对于 or 运算（expr1 or expr2）来说，如果 expr1 为真，那么总是直接返回 expr1，而不会去处理 expr2，只有当 expr1 为假的时候，才会去处理 expr2，并返回 expr2 的值。

对于一个组合的表达式：condition and expr1 or expr2，会有怎样的结果呢？该表达式的结果有如下几种情况：

- condition 为真，expr1 为真，expr2 不做处理，直接返回 expr1。
- condition 为假，expr1 不做处理，直接返回 expr2。
- condition 为真，expr1 为假，直接返回 expr2。

从上面的分析可以看出，该组合表达式的返回值有 3 种可能，取决于 condition 和 expr1 这两个表达式的真假组合，只有当两个表示式全为真的时候，才返回 expr1，其他情况返回 expr2。

需要注意的是，该表达式还作为 Python 一个惯用的赋值语句，该惯用赋值语句假定 expr1 为真，那么 condition and expr1 or expr2 表达式的结果可以简化为：

- condition 为真，返回 expr1。
- condition 为假，返回 expr2。

在这种情况下，使用该语句就可以替换一些用 if 来判断赋值的简单语句。例子 3.2 给出了组合表达式的使用演示。

例子 3.2　组合表达式的使用

```
01  >>> a=3
02  >>> if a==3:
03  ...     str2="it is 3"
04  ... else:
05  ...     str2="it is 2"
06  ...
07  >>> print(str2)
08  it is 3
09  >>> str1= a==3 and "it is 3" or "it is 2"
10  >>> print(str1)
11  it is 3
12  >>>
```

上面代码第 2~6 行是一个 if...else 判断语句，用来判断如果 a 等于 3 就为 str2 赋值"it is 3"，否则赋为"it is 2"。在第 9 行，使用组合表达式替代 if...else 语句来达到同样的效果，而代码简洁很多。

这种用法完全是基于假定 expr1 为真的情况下使用的，所以当 expr1 为假的时候，是不能按照这种方法使用的。例子 3.3 给出了组合表达式惯用法不适用的情况。

例子 3.3　组合表达式惯用法的意外情况

```
01  >>> a=3
02  >>> if a==3:
03  ...     value=0
04  ... else:
05  ...     value=1
06  ...
07  >>> print(value)
08  0
09  >>> value= a==3 and 0 or 1
10  >>> print(value)
11  1
```

在例子 3.3 中，第 2~6 行是一个 if...else 语句，用来说明当 a 等于 3 的时候 value=0，否则 value=1，但是在第 9 行代码中，我们使用该表达式惯用法却得到和 if...else 语法不相同的结果，这是因为该惯用法的假设 expr2 为真的条件不存在了。

在 C 语言中，cond? true_expr : false_expr 的用法是当 cond 为真的时候直接返回 true_expr，否则返回 false_expr。Python 的 cond and true_expr or false_expr 的用法在形式上和该用法很相似，但是特别要注意，只有当 true_expr 为真的时候 Python 的该用法才和 C/C++中的语义等价。

3.2.2　整数类型

Python 用来存储整数的类型的就是整数类型。例如，Python 的数值类型都支持加、减、乘、除、幂、求模等各种运算，与 Python 2.X 略有不同的是 Python 3.X 的 int 类型合并了 Python 2.X 的 int 类型和 long 类型：

- 加：a=1+3
- 减：a=1-3
- 乘：a=1*3
- 除：a=1/3
- 幂：a=1**3
- 求模：a=1%3

上述数值运算中幂运算优先级最高，乘除和求模同一优先级，加减最后。需要调整优先级时可以通过加括号来实现，例如：

```
A=3+4*5**2/6
```

如果先要计算加，然后计算乘，可以使用如下方法：

```
A=((3+4)*5)**2/6
```

程序员一般在十进制系统中工作。有时其他进制的系统也相当有用，比如计算机就是基于二进制的。Python 可以提供对八进制和十六进制数字的支持。要通知 Python 应该按八进制数字常量处理数字，只需将一个零加上一个 o 附加在数字前面。将一个零加上一个 x 附加在数字的前面是告诉 Python 按十六进制数值常量处理数字，例如：

```
>>> print(13)
13
>>> print(0o13)
11
>>> print(0x13)
19
```

3.2.3　浮点数类型

所谓浮点数类型，就是小数。在 Python 中，带圆点符号的数值都会被认为是浮点数类型。例如：

```
>>> a=1.
>>> type(a)
<class 'float'>
```

3.2.4　复数类型

复数类型，在其他计算机语言中很少见。复数是数学里的一个概念，在科学计算中，有着重要的用处，在形式上有实数和虚数两部分，在 Python 中由 float 类型表示，虚数是-1 的平方根的倍数，用字母 j 表示，例如：

```
>>> c=2+3j
>>> print(c)
(2+3j)
```

3.2.5　None 类型

None 类型是 Python 特殊的常量，表示空，等同于 C/C++中的 null，大部分时候用来判断函数或者对象方法的返回结果，无返回结果即为 None。

3.3　简单类型的运算

除了支持四则运算和求模、求幂等运算外，Python 还支持求补、左移、右移、按位和、按位异或、按位或等各种运算。例子 3.4 列举了各种位运算。

例子 3.4　Python 的位运算

```
01  >>> a=0x13
02  >>> ~a
03  -20
04  >>> a>>2
05  4
06  >>> a<<3
07  152
08  >>> a^3
09  16
10  >>> a&0x01
11  1
12  >>> a^0x01
13  18
14  >>> a|0x01
15  19
```

上面的代码演示了各种位运算。~符号代表求补运算。求补运算不考虑符号位，对它的原码各位取反，并在末位加 1 即可。>>符号代表向右位移，<<代表向左位移，^符号代表按位异或（两个整数根据二进制位进行异或操作），&符号代表求和操作（两个整数根据二进制位进行求和操作），| 符号代表按位或操作。

在 Python 中，有关数值的运算需要注意两点：

● 运算的优先级，幂运算最高，乘除位运算其次，加减最后。

● 在 Python 中，若不同数值类型在单个表达式中混合出现时，则会根据需要将表达式中的所有操作数转换为最复杂的操作数的类型，作为返回值的类型。复杂度的顺序是 int、float、complex。下面给出一个简单的示例：

```
>>> 1//3
0
>>> 1.0/3
0.3333333333333333
>>> 1.0//3
0.0
>>> 1%3
1
>>> 1.0%3
1.0
>>>
```

3.4　常量类型

简单类型均为常量类型，也就是说这些类型对象一旦被创建，其值就不能被更改。我们使用等于符号（=）进行新的赋值操作时，实际上，Python 解析器是创建了新的简单类型，并将该变量名和新创建的对象关联起来。使用 Python 的内置 id()函数（用来查看对象在内存中的编号的函数），就可以清楚地看到这一点。例子 3.5 将演示这些操作。

例子 3.5　整型类型的创建和更改

```
01  >>> a=3
02  >>> id(a)
03  1945071136
04  >>> a=4
05  >>> id(a)
06  1945071168
07  >>> b=3
08  >>> id(b)
09  1945071136
10  >>>a=b+2
11  >>>id(a)
12  1945071200
```

在例子 3.5 中，a 刚开始等于 3，它的 id 结果为 1945071136，更改 a=4 时，它的 id 结果为 1945071168，这表明 a 所指向的对象发生了变化，因为 a=4 这个操作并没有让原来的 3 更改成 4，而是新创建一个数值为 4 的对象并让 a 指向这个新对象。在例子 3.5 的第 10~12 行，b+2 的结果为 5，a 又指向了这个新对象，而原来的数值对象 4 仍然存在内存中，并没有改变。

3.5 序列类型

在实际编写 Python 程序的时候，通常要处理复杂的逻辑，从而带来复杂的数据结构。如果使用简单类型来表达复杂的数据，就会存在大量的简单数据对象，存放和管理它们将成为大问题。容器类型就是用来存放和管理各种对象的类型，使用容器类型，就可以根据程序的需求把需要处理的复杂数据放到容器中。容器提供了一系列的方法，可以用来访问和管理这些数据。

容器类型可以分为两种：

- 序列容器，一般也被称为顺序容器，就是说该容器是将存放的数据按顺序放置在内存区中，如果一个新元素被插入或者已存元素被删除，其他在同一个内存块的元素就必须向上或者向下移动来为新元素提供空间，或者填充原来被删除的元素所占的空间，这种移动影响了效率。
- 关联容器，根据每个节点来存放元素，容器元素的插入或删除只影响指向节点的指向，而不是节点自己的内容，所以当有数据插入或删除时，元素值不需要移动。

在 Python 中，序列容器类型主要有 6 种，即 string、unicode、list（列表）、tuple（元组）、buffer、range；关联容器类型主要是字典类型和集合类型。

3.6 列表类型

list 类似于 C 中的数组、C++中的 vector，是用来顺序存储数据的容器，比如说，一周七天，可以表示为：

```
>>> week=[ 'Monday','Tuesday', 'Wednesday', 'Thursday' ,'Friday',
'Saturday', 'Sunday']
```

第 2 章曾简要介绍过 list，本节会详细介绍它的功能和方法。

3.6.1 创建 list

创建 list 的方法很简单，使用[]符号，中间的元素用逗号隔开。例如：

```
A=[1,2,3]
```

3.6.2　list 的元素访问

可以通过下标来访问 list，下标从 0 开始，不同于其他语言的是增加了负下标的访问，-1 代表最后一个元素，-2 代表倒数第二个元素，以此类推。下面给出一个简单的例子：

```
>>> a=[1,2,3]
>>> a[0]
1
>>> a[-2]
2
```

下标不只可以访问 list 的单个元素，也能通过切片操作获得一个 list 的子 list，可以通过下标来指定范围，一个指定开始位置，一个指定结束位置，中间加冒号分隔。开始位置默认为 0，结束位置默认为-1。需要特别注意的是：指定的开始位置包括开始元素本身，而结束位置不包括结束位置本身。例子 3.6 使用切片操作获得列表的子列表。

例子 3.6　子列表的访问

```
01  >>> a=[1,2,3,4,5]
02  >>> a[2:4]
03  [3, 4]
04  >>> a[:]
05  [1, 2, 3, 4, 5]
06  >>> a[1:]
07  [2, 3, 4, 5]
08  >>> a[-3:-1]
09  [3, 4]
10  >>>
```

3.6.3　列表运算

list 容器支持一系列的运算，包括加法、乘法、大小比较等运算。要查看 list 支持哪些运算，可以直接在 IDEL 里面输入 help(list)。help 是 Python 的自省功能之一，可以通过 help() 函数查看 Python 对象的一些帮助信息。例子 3.7 通过 help 自省功能，获得了列表的帮助信息。

例子 3.7　通过 help 查看 list 支持的运算

```
>>> help(list)
Help on class list in module __builtin__:

class list(object)
 |  list() -> new list
 |  list(iterable) -> new list initialized from sequence's items
 |
```

```
|  Methods defined here:
|
|  __add__(...)
|      x.__add__(y) <==> x+y
|
|  __contains__(...)
|      x.__contains__(y) <==> y in x
|
|  __delitem__(...)
|      x.__delitem__(y) <==> del x[y]
|
|  __delslice__(...)
|      x.__delslice__(i, j) <==> del x[i:j]
|
|      Use of negative indices is not supported.
|
|  __eq__(...)
|      x.__eq__(y) <==> x==y
|
|  __ge__(...)
|      x.__ge__(y) <==> x>=y
|
|  __getattribute__(...)
|      x.__getattribute__('name') <==> x.name
|
|  __getitem__(...)
|      x.__getitem__(y) <==> x[y]
#省略部分结果
```

在 Help()函数打印出来的 list 对象信息中，类似于__xxx__这些函数都是 list 对象内建的一些类的特殊方法，其中大部分函数为 list 的运算操作符函数（类似于 C++中的 operation）。凡是支持特殊函数的对象，也就都支持对应的运算。从上面的帮助信息可以发现，list 主要支持以下运算操作：

- 实现了__add__函数，list 支持加法运算。
- 实现了__contains__函数，list 支持 in 操作。
- 实现了__eq__函数，list 支持==判断。
- 实现了__ge__函数，list 支持>=判断。
- 实现了__gt__函数，list 支持>判断。
- 实现了__iadd__函数，list 支持+=操作。
- 实现了__imul__函数，list 支持*=操作。
- 实现了__le__函数，list 支持<=操作。

- 实现了__lt__函数，list 支持<操作。
- 实现了__mul__函数，list 支持*操作。
- 实现了__ne__函数，list 支持!=操作。
- 实现__rmul__函数，list 支持被乘操作。

> 还有一些其他的方法，比如__getitem__，则是通过下标访问该对象的实现方法，在前面
> 已经讨论了操作方法，这里不再重复叙述。

上面是从 help 的帮助信息中获得的有关 list 支持的运算信息，可以在 IDEL 里根据这些帮助信息对列表运算进行尝试。（例子 3.8 是自省出来的列表操作运算信息。）

例子 3.8　list 的操作运算

```
01  >>> a=[1,2,3]
02  >>> a+4
03  Traceback (most recent call last):
04    File "<stdio>", line 1, in ?
05  TypeError: can only concatenate list (not "int") to list
06  >>> a=[1,2,3]
07  >>> a+[4,5,6]
08  [1, 2, 3, 4, 5, 6]
09  >>> a+3
10  Traceback (most recent call last):
11    File "<stdio>", line 1, in ?
12  TypeError: can only concatenate list (not "int") to list
13  >>> 4 in a
14  False
15  >>> 1 in a
16  True
17  >>> a==[4,5,6]
18  False
19  >>> a==[1,2,3]
20  True
21  >>> a>[4,5,6]
22  False
23  >>> a>[1,2,1]
24  True
25  >>> a>=[1,2,1]
26  True
27  >>> a+=[4,5]
28  >>> print(a)
29  [1, 2, 3, 4, 5]
30  >>> a*2
```

```
31  [1, 2, 3, 4, 5, 1, 2, 3, 4, 5]
32  >>> print(a)
33  [1, 2, 3, 4, 5]
34  >>> a*=2
35  >>> print(a)
36  [1, 2, 3, 4, 5, 1, 2, 3, 4, 5]
37  >>> a!=[3,4,5]
38  True
39  >>> 2*a
40  [1, 2, 3, 4, 5, 1, 2, 3, 4, 5, 1, 2, 3, 4, 5, 1, 2, 3, 4, 5]
41  >>> a*'2'
42  Traceback (most recent call last):
43    File "<stdio>", line 1, in ?
44  TypeError: can't multiply sequence by non-int
45  >>>
```

例子 3.8 调用了 Python 的各种运算操作。需要注意的是，各操作运算的对象类型有限制。例如，第 2~12 行，调用 list 的加法加一个整数就触发了以外，list 的加法对象也只能是 list。第 13~16 行，演示 list 的 in 操作。在 Python 的语法中，关键词 in 表示存在的意思。3 in a 表示判断 3 是否在 a 中。in 的反用法是 not in。第 30~35 行，演示 list 的乘法。list 的乘法是复制 list 中元素的快捷方法，需要复制几份就乘以几。

 意

list 乘法的对象只能是整数类型。

3.6.4 列表的方法

除了运算操作外，列表还支持一些其他的操作方法，同样可以使用 help(list)来获得那些方法的信息。方法名称前面不带__符号的方法就是 list 的公用方法。例子 3.9 是摘录了 list 自省信息中有关列表的公用方法。

例子 3.9 查看 list 的公用方法

```
>>> help(list)
Help on class list in module __builtin__:

class list(object)
 | list() -> new list
 | list(iterable) -> new list initialized from sequence's items
 |
 | Methods defined here:
 | append(...)
 |     L.append(object) -- append object to end
```

```
|
|  count(...)
|      L.count(value) -> integer -- return number of occurrences of value
|
|  extend(...)
|      L.extend(iterable) -- extend list by appending elements from the
iterable
|
|  index(...)
|      L.index(value, [start, [stop]]) -> integer -- return first index of
value
|
|  insert(...)
|      L.insert(index, object) -- insert object before index
|
|  pop(...)
|      L.pop([index]) -> item -- remove and return item at index (default
last)
|
|  remove(...)
|      L.remove(value) -- remove first occurrence of value
|
|  reverse(...)
|      L.reverse() -- reverse *IN PLACE*
|
|  sort(...)
|      L.sort(cmp=None, key=None, reverse=False) -- stable sort *IN PLACE*;
|      cmp(x, y) -> -1, 0, 1
|
|  ----------------------------------------------------------------------
|  Data and other attributes defined here:
|
|  __new__ = <built-in method __new__ of type object>
|      T.__new__(S, ...) -> a new object with type S, a subtype of T
```

从中我们可以看到，list 有 9 种不同用途的公用方法：

- append()方法，在列表后增加对象。
- count()方法，统计列表元素的个数。
- extend()方法，将一个序列对象转换成列表，并增加到该列表后面。
- index()方法，返回查找值的第一个下标，如果找不到查找值，则抛出错误。
- insert()方法，插入对象到指定的下标后面。
- pop()方法，弹出列表指定下标的元素。不指定下标时，弹出最后一个元素。

- remove()方法，删除列表指定的值，有多个指定的值在列表中时删除第一个。
- reverse()方法，将列表元素顺序倒置。
- sort()方法，对列表进行排序，排序的方法可以在 sort 的参数中指定，默认从小到大排序。

运用上面的公用方法，能够方便对 list 做各种操作，并且能够用 list 模拟其他的数据类型，比如堆栈（stack）、队列（queue），如例子 3.10 所示。

例子 3.10　用 list 模拟堆栈和队列

```
01  >>> stack = [3, 4, 5]
02  >>> stack.append(6)
03  >>> stack.append(7)
04  >>> stack
05  [3, 4, 5, 6, 7]
06  >>> stack.pop()
07  7
08  >>> stack
09  [3, 4, 5, 6]
10  >>> stack.pop()
11  6
12  >>> stack.pop()
13  5
14  >>> stack
15  [3, 4]
16  >>> queue = ["Eric", "John", "Michael"]
17  >>> queue.append("Terry")
18  >>> queue.append("Graham")
19  >>> queue.pop(0)
20  'Eric'
21  >>> queue.pop(0)
22  'John'
23  >>> queue
24  ['Michael', 'Terry', 'Graham']
```

第 1~15 行模拟的是堆栈的 push 和 pop 操作。堆栈的特点是"先进后出"，使用 list 的 pop()方法，将列表的最后一个元素弹出，就可以模拟堆栈的操作。第 16~24 行模拟的是队列的操作。队列的特点是"先进先出"，通过 pop()方法弹出列表第一个元素（下标为 0），就可以模拟队列的"先进先出"。

3.6.5　列表的内置函数（range、filter、map）

列表除了可以使用运算操作、自带的公用函数外，还可以使用 Python 内置的 range()、filter()、map()、reduce 函数。这 4 个函数有着不同的用途。

（1）range()函数的作用是生成一个整型序列，有 3 个参数：开始数值（start）、结束数值（stop）、累进大小（step），开始数值默认为 0，累进大小默认为 1，例如：

```
>>> list(range(10))
[0, 1, 2, 3, 4, 5, 6, 7, 8, 9]
>>> list(range(1,10,2))
[1, 3, 5, 7, 9]
>>>
```

（2）filter 过滤函数的作用是对列表进行过滤，只保留满足 filter()函数指定要求的元素，例如：

```
>>> def f(x): return x % 2 != 0 and x % 3 != 0
>>> list(filter(f, range(2, 25)))   .
[5, 7, 11, 13, 17, 19, 23]
```

（3）map 映射函数的作用是对列表的每一个元素映射到 map()函数指定的操作，例如：

```
>>> def cube(x): return x*x*x
>>> list(map(cube, range(1, 11)))
[1, 8, 27, 64, 125, 216, 343, 512, 729, 1000]
```

map 同时可以处理多个列表，但是需要注意的是 map 处理多个列表时，这些列表的元素应该相同，否则就会抛出异常，例如：

```
>>> def add(a,b):
...     return a+b
...
>>> list(map(add,[1,2,3],[4,5,6]))
[5, 7, 9]
>>> list(map(ad,[1,2,3],[4,5]))
Traceback (most recent call last):
  File "<stdio>", line 1, in ?
NameError: name 'ad' is not defined
```

（4）reduce 函数是 reduce(function, sequence, starting_value)，它对 sequence 中的 item 顺序迭代调用 function，如果有 starting_value，还可以作为初始值调用，例如可以用来对 list 求和：

```
>>> def add(x,y): return x + y
>>> reduce(add, range(1, 11))
55
>>> reduce(add, range(1, 11), 20)
75
```

3.6.6　列表推导式

对于使用过滤和映射函数去生成特定要求的列表，Python 提供了一个更简洁的方法——列表推导式（List Comprehension）来完成这个工作，一个 List Comprehension 通常由一个表达式以及一个或者多个 for 语句和 if 语句组成，语法形式类似于[<expr1> for k in L if <expr2>]，for k in L 是对 L 列表的循环，if expr2 是用 expr2 对循环的元素 k 做过滤处理，expr1 则是返回表达式。例子 3.11 列出了列表推导式的具体用法。

例子 3.11　List Comprehension 的用法

```
01  >>> a=[1,2,3,4,5]
02  >>> [k*5 for k in a]
03  [5, 10, 15, 20, 25]
04  >>> [k*5 for k in a if a!=3]
05  [5, 10, 15, 20, 25]
06  >>> [k*5 for k in a if k!=3]
07  [5, 10, 20, 25]
08  >>> b=['A','b','cd','e']
09  >>> [k.upper()   for k in b]
10  ['A', 'B', 'CD', 'E']
```

这种方法将过滤和映射操作合二为一，代码简洁很多，可读性更强。

3.7　元组类型

元组（tuple）类型通过一对括号"()"来表示，元组是常量的 list，使用 help(tuple)，可以获得 tuple 的自省信息。例子 3.13 就是使用该方法获得 tuple 的自省信息。

例子 3.12　tuple 的 help 信息

```
>>>help(tuple)
Help on class tuple in module __builtin__:

class tuple(object)
 |  tuple() -> an empty tuple
 |  tuple(iterable) -> tuple initialized from iterable's items
 |  If the argument is a tuple, the return value is the same object.
 |  Methods defined here:
 |  __add__(...)
 |    x.__add__(y) <==> x+y
 |  __contains__(...)
 |    x.__contains__(y) <==> y in x
 |  __eq__(...)
```

```
|      x.__eq__(y) <==> x==y
|  __ge__(...)
|      x.__ge__(y) <==> x>=y
|  __getattribute__(...)
|      x.__getattribute__('name') <==> x.name
|  __getitem__(...)
|      x.__getitem__(y) <==> x[y]
|  __getnewargs__(...)
|  __getslice__(...)
|      x.__getslice__(i, j) <==> x[i:j]
|      Use of negative indices is not supported.
|  __gt__(...)
|      x.__gt__(y) <==> x>y
|  __hash__(...)
|      x.__hash__() <==> hash(x)
|  __iter__(...)
|      x.__iter__() <==> iter(x)
|  __le__(...)
|      x.__le__(y) <==> x<=y
|  __len__(...)
|      x.__len__() <==> len(x)
|  __lt__(...)
|      x.__lt__(y) <==> x<y
|  __mul__(...)
|      x.__mul__(n) <==> x*n
|  __ne__(...)
|      x.__ne__(y) <==> x!=y
|  __repr__(...)
|      x.__repr__() <==> repr(x)
|  __rmul__(...)
|      x.__rmul__(n) <==> n*x
|  Data and other attributes defined here:
|  __new__ = <built-in method __new__ of type object>
|      T.__new__(S, ...) -> a new object with type S, a subtype of T
```

通过例子 3.12 的 help 信息，可以看出 tuple 和 list 的区别：

- tuple 和 list 一样，支持下标和切片操作（都实现__getitem__和__getslice__）。
- tuple 与 list 不同，不支持通过下标和切片操作更改元素和子列表（tuple 没有实现__setitem__和__setslice__）。
- tuple 支持和 list 一样的比较运算和加乘运算，但是不支持+=、*=操作（因为 tuple 为常量类型，这两个操作都是更改自身的操作）。
- tuple 不支持 list 的 9 种公用方法。

元组是常量类型的 list，和列表的区别在于，元组对 list 的那些更改自身元素的操作和方法都不支持，元组一旦在内存中创建，就不可被更改，这是它和 list 最大的区别，而其他使用方法则和列表一样，例如：

```
>>> a=(1,2,3,4,5)
>>> a[0]
1
>>> a[3]
4
>>> b=a+(7,8)
>>> print(b)
(1, 2, 3, 4, 5, 7, 8)
>>> b=a*2
>>> print(b)
(1, 2, 3, 4, 5, 1, 2, 3, 4, 5)
```

3.8 字符串类型

字符串可以看成特殊的元组，可以使用单引号或者双引号来表示字符串，例如：

```
>>> str1='word'
>>> str2="hello"
```

对于特殊字符，Python 使用转义字符反斜杠（\）来表示。表 3-2 列出了各种转义字符。

表 3-2 转义字符

字符	说明
\\	反斜杠
\'	单引号
\"	双引号
\a	响铃
\b	退格
\f	FF
\n	换行
\r	回车
\t	水平制表符
\ooo	ooo 表示八进制字符
\xhh	hh 表示十六进制字符

当需要输入一个很长的字符串时，可以分成多行，用反斜杠来连接。例如：

```
>>> str1="hello "\
```

```
...      "world"\
...      "hi"
```

如果需要输入一个非常长的字符串，可以使用连续的三个双引号，例如：

```
>>> str2="""
...      There is a way to remove an item from a list given its index
instead of its value: the del statement
...      """
```

字符串类型和元组一样是常量类型，支持下标访问、切片、比较运算、加乘法等运算。字符串类型的公用算法比元组多，主要分为以下几类。（使用 help(str)可以查看字符串类型所支持的公用算法。）

1. 大小写转换

大小写转换主要包括首字符大写（capitalize）、全部转换小写（lower）、全部转换大写（upper）、大小写互换（swapcase）、单词首字母大写其他小写（title）等方法。下面是应用的简单例子：

```
>>> "this is test".capitalize()
'This is test'
>>> "this is test".lower()
'this is test'
>>> "this is test".upper()
'THIS IS TEST'
>>> "This is Test".swapcase()
'tHIS IS tEST'
>>>"this is test".title()
'This Is Test'
```

2. 字符串的搜索

字符串搜索包括的方法有 find、index、rfind、rindex、count、replace 等函数。find 是从左向右查找，并返回找到第一个字母的下标。rfind 是从右向左查找。index 和 find 用法类似，不同之处在于，find()方法找不到时返回-1，index 则抛出一个异常。例如：

```
>>> str2="ni ok hello ok why"
>>> str2.find("ok")
3
>>> str2.rfind("ok")
12
>>> str2.find("ok2")
-1
>>> str2.index("ok2")
Traceback (most recent call last):
```

```
   File "<stdio>", line 1, in ?
ValueError: substring not found
```

3. 字符串的替换

字符串替换包括的方法有 replace（替换）、strip（去掉头尾指定的字符）、rstrip（从右边开始）、lstrip（左边）、expandtabs（用空格取代 tab 键）。例如：

```
>>> a="as1234567"
>>> a.strip("as")
'1234567'
>>> a.lstrip("as")
'1234567'
>>> a.rstrip("as")
'as1234567'
>>> a.replace("as","dd")
'dd1234567'
>>> b="ni    bb    ss"
>>> b.expandtabs(1)
'ni bb ss'
```

4. 字符的分隔

split()方法可以根据指定的字符，把一个字符串截断成列表。splitlines()可以将一个字符串，根据换行符截断列表，例如：

```
>>> a="1,2,3,4"
>>> a.split(",")
['1', '2', '3', '4']
>>> b="123\n456\n789"
>>> b.splitlines()
['123', '456', '789']
```

5. 字符判断功能

字符判断功能主要是以下几种：

- startwith（prefix，start[,end]），判断一个字符串是否以 prefix 开头。
- endwith（suffix[,start[,end]]），判断一个字符串是否以 suffix 结尾。
- isalnum()，判断是否由字母和数字组成，至少有一个字母。
- isdight()，判断是否全是数字。
- isalpha()，判断是否全是字母。
- isspace()，判断是否由空格字符组成。
- islower()，判断字符串中的字母是否全是小写。
- isupper()，判断字符串中的字母是否全是大写。

● istitle()，判断字符串是否为首字母大写。

3.9　字典类型

字典是 Python 中关联型的容器类型，字典的创建使用大括号{}的形式，字典中的每一个元素都是一对，每对包括 key 和 value 两部分，中间以冒号隔开。对于 key，需要注意以下两点。

（1）key 的类型只能是常量类型。

key 必须为常量类型（数值，不含有可变类型元素的元组、字符串等），不能用可变类型做 key 值，例如列表作为字典的 key，因为 key 必须保持不变，key 的用途是作为字典的索引值，Python 根据该值去存放数据。

（2）key 的值不能重复。

key 的数值在一个字典中是唯一的，不存在重复的 key 值。

可以通过自省功能来获得有关字典的帮助信息，通过 help(dict)就可以获得字典的详细信息。根据字典的自省信息，可以看到字典的使用细节，包括字典的创建方法、字典所支持的操作运算、字典所支持的公用操作方法等。

3.9.1　字典的创建

创建字典的语法为{key:value,key1:value1 ……}，例如：

```
>>> fruit={1:'apple',2:'orange',3:'banana',4:'tomato'}
```

从 dict 的帮助信息上可以发现，dict 还支持以下创建方法。

（1）dict()创建一个空字典，例如：

```
>>> fruit=dict()
>>> print(fruit)
{}
```

（2）通过一个映射类型的组对生成 dict：

```
>>> a={1:'one',2:'two',3:'three'}
>>> b=dict(a)
>>> print(b)
{1: 'one', 2: 'two', 3: 'three'}
```

（3）通过序列容器生成队列（序列容器的元素必须为两个元素的列表或者元组）：

```
>>> dict([(1,'one'),(2,'two'),(3,'three')])
{1: 'one', 2: 'two', 3: 'three'}
```

（4）通过输入方法参数（参数格式为 name=value）创建字典：

```
>>> dict(one=1,two=2,three=4,four=4)
{'four': 4, 'three': 4, 'two': 2, 'one': 1}
```

3.9.2　字典的操作

在 dict 的帮助信息中，可以查看 dict 所支持的操作方法和运算，主要有以下几类。

（1）通过 key 值作为下标来访问 value 值。

```
>>> a={1:'one',2:'two',3:'three'}
>>> a[2]
'two'
```

（2）各种比较运算（==、!=）。在 Python 3 中 dict 不支持大小比较：

```
>>> a={1:'one',2:'two',3:'three'}
>>> b={1:'one',2:'two',3:'tiree'}
>>> a==b
False
>>> a!=b
True
```

（3）清空字典（clear()方法）：

```
>>> a.clear()
>>> a
{}
```

（4）删除字典某一项（pop()、popitem()方法）：

```
>>> bdict={1:'a',2:'b',3:'c'}
>>> bdict.pop(1)
'a'
>>> bdict.popitem()
(2, 'b')
>>
```

（5）序列访问方法：提供序列访问字典的方法。items()方法返回一个列表，列表中是（key，value）的元组，iteritems、iterkeys、itervalues 返回迭代器对象，keys()方法返回一个以 key 为元素的列表。例如：

```
>>> bdict={1:'a',2:'b',3:'c',4:'d',5:'c'}
>>> bdict.items()
dict_items([(1, 'a'), (2, 'b'), (3, 'c'), (4, 'd'), (5, 'c')])
>>> for a in bdict.items():
...     print(a)
```

```
...
(1, 'a')
(2, 'b')
(3, 'c')
(4, 'd')
(5, 'c')
>>> for a in bdict.keys():
...     print(a)
...
1
2
3
4
5
>>> for a in bdict.values():
...     print(a)
...
a
b
c
d
c
>>> bdict.keys()
dict_keys([1, 2, 3, 4, 5])
```

3.10 集合类型

集合类型是在 Python 2.3 版本以后才新增加的，有可变的集合和不可变的集合两种类型。集合类型的作用可以用一句话来概括：无序并唯一地存放容器元素的类型。集合类型里面可以存放各种类型的对象（特点是无序存放并且不能重复存放）。

3.10.1 集合的创建

```
>>> a=set([1,2,3])
>>> b=frozenset([1,2,3])
>>> a,b
({1, 2, 3}, frozenset({1, 2, 3}))
```

set()方法用来创建可变集合。frozenset 用来创建不可变集合。

3.10.2　集合的方法和运算

集合方法的运算主要是并、交、差、补、判断子集。

（1）并是将两个集合的元素合并在一起，可以用 union()方法或者|运算。

（2）交是求两个集合都公有的元素，可以用 intersection()方法或者&运算。

（3）差是求一个集合比另一个集合多或者少的元素，可以用 difference()方法或者减法运算。

（4）补是求两个集合中不为交集的元素，可以用 symmetric_difference()方法或者运用^运算来判断。

（5）判断子集就是判断一个集合是否是另一个集合的子集。可以用 issubset()方法或者<=运算来判断。

集合类型的操作演示如例子 3.13 所示。

例子 3.13　集合类型的操作

```
>>> a=set([1,2,3,4])
>>> b=set([2,3,5,6])
>>> a.difference(b)
{1, 4}
>>> a-b
{1, 4}
>>> a|b
{1, 2, 3, 4, 5, 6}
>>> a&b
{2, 3}
>>> a^b
{1, 4, 5, 6}
>>> a>=b
False
>>>
```

3.11　开始编程：文本统计和比较

本节将使用前面所介绍的各种内建类型实现一个完整的例子：对两个英文文档进行统计，得到两个英文文档使用了多少单词、每个单词的使用频率，并且对两个文档进行比较，返回有差异的行号和内容。

【本节代码参考：C03\PyMerge.py】

3.11.1　需求说明

在日常工作中，经常需要对文本进行统计和比较，特别是在多人协作编写文档和代码的时候，要经常性地进行文本统计和比较，这样才能保证不会错误地覆盖文档和代码，通常会使用 Araxis Merge 软件来进行文本比较，本节将使用 Python 实现一个简单的 Merge 程序。

3.11.2　需求分析

本节要实现的程序取名为 PyMerge。它需要实现两个功能模块：统计和比较。

● 　统计功能：主要是统计总词汇数和每个词汇的数目。
● 　比较功能：主要是比较两个文本的差异，需要忽略空行和空格的影响，也就是因为多个空行或者空格产生的文本差异不应该列为文本差异。

3.11.3　整体思路

PyMerge 程序主要有两大功能：统计和比较。可以分开分析这两个功能的思路，统计功能的关键是如何存放词汇和词汇数，比较功能的关键是如何剔除空行和空格的影响。

● 　统计功能的思路。

统计功能，包括两个功能：总词汇数统计和每个词汇的使用次数统计。可以将每个词汇作为 key 保存到字典中，对文本从开始到结束，循环处理每个词汇，并将词汇设置为一个字典的 key，并将其 value 设置为 1，如果已经存在该词汇的 key，说明该词汇已经使用过，就将 value 累加 1。

● 　比较功能的思路。

比较功能是对两个文本逐行进行比较，在比较一行时忽略空格的影响。在实现这个功能的时候，首先要将文本分成一行一行的，对每一行进行处理，忽略空格的个数，将字符串里有效字符转换成列表，然后进行比较。

3.11.4　具体实现

3.11.3 节分析了功能实现的思路，统计功能是将词汇放到字典类型中，用字典的 key 来存放单词，用 value 来存放个数，而比较功能则是使用字符串分隔成列表的公用方法。

1. 统计功能的具体实现

统计功能就是将一个文本的每个字符作为 key 值，放入字典中。以下代码将实现文本词汇数的统计。

```
01  >>> readtxt="""
02  ...     this is a test txt!
03  ...     can you see this ?
```

```
04  ...      """
05  >>>
06  >>> readlist=readtxt.split()
07  >>> dict={}
08  >>> for every_word in readlist:
09  ...      if every_word in dict:
10  ...          dict[every_word]+=1
11  ...      else:
12  ...          dict[every_word]=1
13  ...
14  >>> print(dict)
15  {'a': 1, 'this': 2, 'is': 1, 'txt!': 1, 'see': 1, 'can': 1, 'test': 1,
'you': 1, '?': 1}
```

第 6 行代码，对文本字符串 readtxt 做 split 操作，就可以获得该文本字符串的所有词汇，每个词汇都作为列表的元素返回。第 8~12 行代码，循环处理词汇列表，将词汇作为 dict 的 key，如果 key 已经存在，就将 value 值累加 1，否则将 value 设置为 1。

上面实现的文本统计的代码需要封装起来给整个程序使用，可以使用函数封装（使用语法定义 def functionname(): 函数就可以了）。以下代码对上述代码进行函数封装。

```
def wordcount(readtxt):
    dict={}
    readlist=readtxt.split()
    for every_word in readlist:
        if every_word in dict:
            dict[every_word]+=1
        else:
            dict[every_word]=1
return dict
```

2.文本比较功能

文本比较首先需要将文本字符串分成一行一行的，使用字符串 splitlines()方法，可以将一个字符串按行分成一个列表，删除列表中的空元素和空白字符元素，再将两个文本进行循环比较。以下代码将实现文本比较功能。

```
01 #!/usr/bin/env python3
02 def testcmp(sText, dText):
03     cmpList = []
04     sLineList = []
05     for line in sText.splitlines():
06         if not line.isspace() and line!="":
07             sLineList.append(line)
08     dLineList = []
```

```
09         for line in dText.splitlines():
10             if not line.isspace() and line!="":
11                 dLineList.append(line)
12     sLen = len(sLineList)
13     dLen = len(dLineList)
14     for step in range(max(sLen, dLen)):
15         try:
16             sWordList = sLineList[step].split()
17         except IndexError as e:
18             print("sfile is end")
19             sLineList.append("")
20         try:
21             dWordList = dLineList[step].split()
22         except IndexError as e:
23             print("dFile is end")
24             dLineList.append("")
25         if sWordList != dWordList:
26             cmpList.append((step, sLineList[step], dLineList[step]))
```

上述代码的实现逻辑主要包括：

● 第 4~11 行代码，对两个文本按行划分。

● 第 16~21 行代码，将文本每一行转换成列表，转换过程中忽略空白字符。

● 第 25~26 行代码，比较结果，如果不相等，就写信息到列表 cmpList 中，以供函数返回信息。

3.11.5　文本读写

前面实现的两个函数分别用来进行文本统计和文本比较，但是还需要实现从文本文件中读取字符串的功能、读文件功能。Python 内置了 file 类型来实现读文件功能。读者可以先使用 help(file)来查看 file 类型的详细信息，里面说明了 file 类型的几个主要操作方法。

（1）file 类型的创建

file 类型使用 file()方法创建，包括 3 个参数：name、mode、buffering。name 是指文件名。mode 是读写模式——r 模式是只读，w 是可写，a 模式是接在文件的末尾写，b 是写二进制文件，+则表示可读也可写。buffering 设置文件读写缓存，0 表示不设置，1 表示设置，也可以自行指定缓存大小。

（2）文件读写

file 类型提供了 read()和 write()来读写文件。read()可以读取文本文件到字符串，write()则将字符串写到文件中。

在这个应用案例中，我们只需要读文件到字符串中，使用下面的代码就可以：

```
>>> open_file=open(filename)
>>> file_txt=open_file.read()
```

3.11.6　命令行参数

比较两个文本，需要将两个文本的名字传给程序。本程序是命令行程序，可以通过命令行参数传送文本名称。所谓命令行参数，就是运行命令后所带的参数。在 UNIX 系统中，程序大多带有命令行参数。在 Window 系统下，cmd 窗口中也可带命令行参数。这里演示一个在 UNIX/Linux 的 shell 下运行的命令：

```
ls -a  /dev
```

上面的 ls 命令类似于 Window 下的 dir 命令，用来参看某个目录或者文件的信息。在 ls–a/dev 中，ls 为程序名字，–a /dev 是命令行参数。

命令行参数包括以下两部分：

（1）命令行选项（option）

在 ls–a/dev 命令中，–a /dev 为命令行参数，-a 为命令行选项，一般程序用来标志出参数的作用。命令行选项一般习惯有两种：短选项和长选项。-a 是短选项，由一个减号和一个字母组成，等价于--all 长选项。长选项由两个减号和若干个字母组成。下面的两个命令行参数是等价的。

```
ls -all /dev
ls -a /dev
```

（2）选项参数（option augument）

命令行选项后面跟的是具体的参数。命令行选项用来说明是什么参数，选项参数说明参数的具体值。例如：

```
ls -a /dev
```

-a 是命令行选项，/dev 是选项参数，用来说明命令行选项的具体参数值。

在 Python 中，读取命令行参数很方便。Python 标准库 optparse 模块来读取命令行参数。该模块是一个强大、灵活、易用、易扩展的命令行解释器。使用 optparse 模块，只需要很好的代码，就可以给程序添加专业的命令行接口。

optparse 是 Python 标准库模块，而不是内置模块，使用前需要使用 import 导入该模块。例如：

```
>>> import optparse
```

optparse 用法分成三步：

（1）创建 OptionParser 对象。

```
parser = optparse.OptionParser()
```

（2）添加参数选项。

```
parser.add_option("-f", "--file",action="store", type="string",
dest="filename",default='./')
```

为 optparse 模块添加参数选项，使用 add_option()方法，包括 6 个参数值，下面介绍其中的 5 个主要参数：

- 第一个是短选项，通常是一个减号加一个字母。
- 第二个是长选项，通常是两个减号加一个说明参数作用的代词。
- action 表示对命令行选项后的参数做的操作。action 的参数有三种：store、store_true、store_false。store 表示会将参数值保存到 dest 所指定的变量中。对于不需要参数的选项，可以将 store 改为 store_ture 或者 store_false。设置为 store_ture，命令行参数出现该命令选项时，dest 所指定的变量会被设置为 ture，否则为 false；设置为 store_false 时，当命令行参数中出现该命令选项时，dest 所指定的变量会被设置为 false，否则为 true。
- type 表示参数类型。
- default 设置参数默认值。如果没在 add_option 中设置 default 这一项，并且命令行参数中也没有发现该选项，那么对应的变量值就是 None，也可以在 default 中设置默认值。

（3）解释命令行。

```
(options, args) = parser.parse_args()
```

parse_args 方法会将命令行参数解析以后放到 options 中，就有了命名为 add-option()方法中所指定的 dest 的值属性名。可以直接访问 options 来得到命令行参数的值。例如：

```
>>> print(options.filename)
```

在本案例中，有两个参数，分别是两个需要互相比较的文件的目录和名字，我们可以使用下面的代码来实现命令行参数的解析：

```
>>>parser.add_option("-f","--file1",action="store",type="string",dest="filename1")
>>>parser.add_option("-d","--file2",action="store",type="string",dest="filename2")
```

3.11.7　程序入口

在其他计算机语言中，一般都存在一个 main()方法，作为程序的入口。在 Python 中，不存在这样的 main，当运行一个 Python 文件的时候，Python 解析器会从文件开头一步一步执行代码，直到文件结束。

为了代码风格规范一致，Python 也有和 main()方法类似的东西，例如：

```
>>> if __name__=="__main__":
...     print("ok")
```

...

在编写 Python 程序的时候，一般都把程序的入口放在__name__=="__main__"代码之后。在前面小节，已经完成文本读写、命令行参数分析、文本统计和比较部分的功能，本节将把这些功能模块组合在一起，完成一个完整的程序。

整个程序流程是，首先解析命令行参数，然后读取文本，最后对文本做比较。下面是 PyMerge 主逻辑的功能实现：

```python
01 import optparse
02 import sys
03
04 def wordcount(readtxt):
05     dict = {}
06     readlist = readtxt.split()
07     for every_word in readlist:
08         if every_word in dict:
09             dict[every_word] += 1
10         else:
11             dict[every_word] = 1
12     return dict
13
14 def testcmp(sText, dText):
15     cmpList = []
16     sLineList = []
17     for line in sText.splitlines():
18         if not line.isspace() and line != "":
19             sLineList.append(line)
20     dLineList = []
21     for line in dText.splitlines():
22         if not line.isspace() and line != "":
23             dLineList.append(line)
24     sLen = len(sLineList)
25     dLen = len(dLineList)
26     for step in range(max(sLen, dLen)):
27         try:
28             sWordList = sLineList[step].split()
29         except IndexError as e:
30             print("sfile is end")
31             sLineList.append("XXX")
32             # sWordList = sLineList[step]
33         try:
34             dWordList = dLineList[step].split()
35         except IndexError as e:
```

```
36              print("dFile is end")
37              dLineList.append("YYY")
38              # dWordList = dLineList[step]
39          if sWordList != dWordList:
40              cmpList.append((step, sLineList[step], dLineList[step]))
41
42      return cmpList
43
44 if __name__ == '__main__':
45      parser = optparse.OptionParser()
46      parser.add_option("-s", "--sFile", action="store", type="string",
dest="sFileName")
47      parser.add_option("-d", "--dFile", action="store", type="string",
dest="dFileName")
48      (options, args) = parser.parse_args()
49      with open(options.sFileName, 'r') as sFile, open(options.dFileName,
'r') as dFile:
50          #开始统计文件
51          sText = sFile.read()
52          dText = dFile.read()
53          print("文件 %s" %options.sFileName)
54          print("词汇总数：%d" %len(wordcount(sText)))
55          print("各词汇统计：%s" %wordcount(sText))
56
57          print("文件 %s" %options.dFileName)
58          print("词汇总数：%d" %len(wordcount(dText)))
59          print("各词汇统计：%s" %wordcount(dText))
60
61          #文本比较
62          cmpList = testcmp(sText, dText)
63          for diff in cmpList:
64              print("%s %s: %s" %(options.sFileName, diff[0], diff[1]))
65              print("%s %s: %s" %(options.dFileName, diff[0], diff[2]))
```

第 45~48 行的功能是负责解析命令行参数。

第 49~52 行负责将文本读到字符串中，使用 with…as…的方式打开文件，避免了文件名不存在、文件无法打开等问题。如果文件无法正常打开读取，程序直接退出并显示错误。

第 53~59 行完成对两个文本的词汇总数和各词汇数的统计，使用上面的 wordcount 来完成词汇统计，打印词汇统计信息。

第 62~65 行完成两个文本的比较，使用 testcmp()函数来进行文本比较，获得比较结果信息以后，将比较的信息打印出来。

3.11.8 运行效果

将 testcmp、wordcount 和程序入口的代码合并到一起以后，保存文件名到 PyMerge.py，完成该程序的开发。可以在 Window 的 cmd 窗口或者 UNIX/Linux 的 shell 下运行如下命令：

```
python PyMerge.py -s a.txt -d b.txt
```

运行效果如图 3.1 所示。

```
$ python PyMerge.py -s a.txt -d b.txt
文件 a.txt
词汇总数: 4
各词汇统计:  {'aaa': 1, 'bbb': 1, 'ccc': 1, 'd': 1}
文件 b.txt
词汇总数: 4
各词汇统计:  {'aaa': 1, 'bbb': 1, 'ccc': 1, 'dd': 1}
a.txt 3: d
b.txt 3: dd
```

图 3.1 PyMerge 运行效果

执行命令时，需要保证 PyMerge.py、a.txt、b.txt 三个文件在当前目录下。

3.12 本章小结

本章主要学习了 Python 的简单类型和容器类型。读者通过本章的学习，应该熟练地掌握 Python 的简单类型和容器类型用法。在学习本章的过程中，需要注意以下几点：

- Python 的缩进要使用 4 个空格，不可用 Tab 和空格混用。
- 要多使用 help 和 id 这样的自省功能，Python 的内置模块和标准库都提供了详细的自省信息。查看这些自省功能，就可以了解各内置模块和标准库的详细用法。
- 字符串、列表、元组、字典是 Python 编程中很重要的 4 种数据类型，要熟练掌握它们的使用方法。
- 可变类型和常量类型的区别。

学习完本章以后，读者需要回答下列问题：

（1）元组和列表的区别是什么，何种情况下使用元组，何种情况下使用列表？

（2）字典的 key 可以是哪些类型，不可以为哪些类型？

（3）假设存在一个几百年的家族，族长需要用一个程序把几百年来的族谱都录入到计算机中，而计算机需要能够提供查询：查询家族某代某个人的个人情况和亲属血缘情况。使用 Python 来编写这样的程序时，使用何种类型来存储族谱信息，如何存储？

（4）3.11 节的应用案例是用来对英文文档进行比较的，如果要对中文文档进行比较，该如何处理？

第 4 章

◀ 流程控制和函数 ▶

上一章介绍了 Python 常用的内置类型，本章将会深入讨论 Python 的流程结构和函数。上一章在讨论内置类型的过程中，简单介绍了使用 for 循环控制结构和简单的函数封装功能模块，本章将讨论更多控制结构和更多的函数用法。

本章的主要内容是：

- 控制代码的执行顺序。
- 循环代码。
- 函数的使用。
- 嵌套函数。
- 八皇后算法。

4.1 流程控制

自一代大师 Dijkstra（第七届图灵奖得主）于 1968 年发表的著名文章《Go To Statement Considered Harmful》否定了 goto 的用法，使用条件选择结构和循环结构来控制程序的流程已经成为各种现代计算机语言的基础。Python 语言也不例外，不过 Python 的条件和循环结构又和其他语言略有不同。

4.1.1 选择结构

在程序执行的过程中，时常依据一些条件的变化改变程序的执行流程。改变程序流程的功能，主要由条件语句配合布尔表达式来完成。在 Python 中，使用 if 语句来实现这种流程选择的控制。例如：

```
>>>if x==0:
>>>    print("ok")
```

如果 x 等于 0 就会打印 ok，如果 x 不等于 0 就不会打印 ok。对于需要分别对应于满足和不满足条件来执行不同的流程程序，可以使用关键字 else 引出另一个程序流程。例如：

```
>>> if x==0:
...     print("x 等于 0")
... else:
...     print("x 不等于 0")
...
```

有时候，程序的分支可能是三个或更多。此时，就需要用 elif 语句引出更多的分支。elif 语句是 "else if" 的缩写，每一个 elif 语句均为程序引出一个分支。elif 语句的数量没有限制，例如：

```
>>> if x==1:
...     print("not 1")
... elif x==2:
...     print("not 2")
... elif x==3:
...     print("not 3")
... elif x==4:
...     print("not 4")
```

Python 会依次执行 if 语句下的程序按顺序检查条件表达式，当找到第一个满足要求的表达式后，执行此分支内的语句。剩下的条件，即使有满足要求的，也不做检查。需要注意的是，上面语句中的最后一个分支是 elif x==4，这样语法上虽然没有错误，但是为了代码更规范严谨，一般在编写这样的分支代码时，最后一个分支应该是 else，例如：

```
>>> if x==1:
...     print("not 1")
... elif x==2:
...     print("not 2")
... elif x==3:
...     print("not 3")
... elif x==4:
...     print("not 4")
... else:
...     print("not all")
```

最后 else 分支用于对于不满足上面所有其他分支的处理，这样不会漏过没有处理的选择情况，如果对于不满足上面所有其他分支的情况不做任何处理，可以使用 pass 语句来说明不需要做特定处理。例如：

```
>>> if x==1:
...     print("not 1")
... elif x==2:
...     print("not 2")
... elif x==3:
...     print("not 3")
```

```
... elif x==4:
...     print("not 4")
... else:
...     pass
```

4.1.2　for 循环结构

在上一章，我们大量使用 for...in 来访问序列类型和字典类型。Python 的 for 语句依据任意序列或者字典中的子项，按照它们在序列中的顺序来进行迭代。例如：

```
>>> ab=['a',1,3,4]
>>> for x in ab:
...     print(x)
...
a
1
3
4
```

需要注意的是，在循环过程中，修改循环的序列（当是可变序列类型时）是很不安全的，例如：

```
>>> a=['a','b','c','d']
>>> for x in a:
...     if x=='c':
...         bb=a.pop(0)
...     print(x)
...
c
```

对于这种情况，可以使用[:]对列表进行复制。当 b 是一个列表的时候，a=b[:]，就可以复制 b 的列表到 a。需要特别注意的是，a=b，并不是将 b 的列表复制到 a，只是让 a 和 b 指向同一个列表对象，只有使用 a=b[:]语句才是创建一个新列表对象复本，让 b 指向它。例子 4.1 说明两者之间的区别。

例子 4.1　列表的复制

```
01      >>> a=[1,2,3,4]
02      >>> b=a
03      >>> id(a)
04      31427880
05      >>> id(b)
06      31427880
07      >>> a.pop()
08      4
```

63

```
09      >>> print(a)
10      [1, 2, 3]
11      >>> print(b)
12      [1, 2, 3]
13      >>> a=[1,2,3,4]
14      >>> b=a[:]
15      >>> id(a)
16      31421424
17      >>> id(b)
18      31427560
19      >>> a.pop()
20      4
21      >>> print(a)
22      [1, 2, 3]
23      >>> print(b)
24      [1, 2, 3, 4]
```

从上面的代码可以看出，使用 b=a 时，实际上变量 a 和 b 所指向的列表是同一个列表（因为它们的对象 id 是一样的），所以 a 进行 pop 操作，b 的列表也一样被 pop 了；使用 b=a[:]时，b 的列表是复制 a 的对象（可以看到它们的对象 id 不一样），对 a 做 pop 操作，b 的列表并没有变化。

对于上面需要在循环中修改列表的情况，可以使用复制列表的技术来避免修改列表带来不安全循环的情况，例如：

```
>>> a=['a','b','c','d']
>>> for x in a[:]:
...     if x=='c':
...         bb=a.pop(0)
...     print(x)
```

4.1.3　while 循环结构

while 和 for 一样，也是一种循环结构。和 for 不同的是，while 循环的条件取决于 while 后面表达式的布尔值，例如：

```
>>> i=0
>>> while i<6:
...     i+=1
...     print(i)
```

当 while 后面的表达式为真时，执行 while 语句下的代码块，否则执行循环结束以后的代码。

在 while 循环中，需要强制退出循环的时候，可以使用 break 语句，例如：

```
>>> i=0
>>> while i<6:
...     i+=1
...     if i==4:
...         break;
...     print(i)
...
1
2
3
```

当使用 break 语句时，会直接退出循环，即不执行循环代码块下面的部分，也不继续执行循环处理，而是直接跳到循环结束后，执行循环结束后的代码。

continue 和 break 语句的区别是，continue 虽然也不执行循环代码下面的部分，但是 continue 会跳到循环结构的循环开始部分，继续下一次循环。例子 4.2 列出两个关键字的区别。

例子 4.2　break 和 continue 的区别

```
01  >>> for i in range(6):
02  ...     if i==4:
03  ...         break
04  ...     print(i)
05  ...
06  0
07  1
08  2
09  3
10  >>> for i in range(6):
11  ...     if i==4:
12  ...         continue
13  ...     print(i)
14  ...
15  0
16  1
17  2
18  3
19  5
20  >>> i=0
21  >>> while i<6:
22  ...     print(i)
23  ...     i+=1
24  ...     if i==4:
25  ...         break
```

```
26  ...
27  0
28  1
29  2
30  3
31  >>> i=0
32  >>> while i<6:
33  ...    print(i)
34  ...    i+=1
35  ...    if i==4:
36  ...        continue
37  ...
38  0
39  1
40  2
41  3
42  4
43  5
```

从例子 4.2 的第 3 行和第 12 行、第 25 行和第 36 行的比较情况可以看到，break 和 continue 的区别在于是否继续执行循环。这一点和其他计算机语言非常相似。

需要注意的是，Python 的循环也可以带 else 分支，这一语言特性是其他语言所没有的，用起来也非常方便，例如：

```
>>> for i in range(6):
...    print(i)
... else:
...    print("ok")
```

循环语句的 else 分支是可有可无的，若有，则表示如果循环语句是正常结束的（不是使用 break 强制结束的），就执行 else 分支里的代码块。例子 4.3 解释了循环语句中 else 的作用。

例子 4.3　循环语句的 else 用法

```
01  >>> for i in range(6):
02  ...    print(i)
03  ... else:
04  ...    print("ok")
05  ...
06  0
07  1
08  2
09  3
10  4
11  5
```

```
12 ok
13 >>>
14 >>>
15 >>>
16 >>> for i in range(6):
17 ...     print(i)
18 ... else:
19 ...     print("ok")
20 ...
21 0
22 1
23 2
24 3
25 4
26 5
27 ok
28 >>> for i in range(6):
29 ...     if i==4:
30 ...         continue
31 ...     print(i)
32 ... else:
33 ...     print("ok")
34 ...
35 0
36 1
37 2
38 3
39 5
40 ok
41 >>> for i in range(6):
42 ...     if i==4:
43 ...         break
44 ...     print(i)
45 ... else:
46 ...     print("ok")
47 ...
48 0
49 1
50 2
51 3
52 >>>
```

例子 4.3 列出了 3 种情况：正常循环，使用 continue 的循环，使用了 break 的循环。在这

3 种循环中，前两种正常执行循环到结束，所以都执行了 else 分支的代码块，而 break 强行结束了循环，直接跳到循环结束代码之后，没有执行 else 的代码块。

4.2 函数

对于需要重复使用的代码功能模块，一般都会将其封装成函数，以提高代码的可读性，使得程序结构整齐清晰。

4.2.1 函数的定义

在 Python 中，定义函数的语法形式如下：

```
def <function_name> ( <parameters_list> ):
    <code block>
```

其中，def 用来声明开始定义一个函数，function_name 是函数的名字，parameters_list 是函数输入的参数，code block 是函数的功能模块代码。例如，当需要将一个字符串中的字符 a 和 b 替换成 h 和 i 时，可以将该功能封装成函数 transchar：

```
>>> def transchar(para_str):
...     if type(para_str)==str:
...         str_1=para_str.replace('a','h')
...         str_2=str_1.replace('b','i')
...         return str_2
...     else:
...         return false
...
>>> transchar("abdbi")
'hidii'
```

4.2.2 函数的参数

Python 的函数参数使用方法比较灵活，既可以选择参数个数，也支持默认值，并且可以自行指定赋值顺序。总的来说，Python 函数的参数有如下特点：

● 参数有默认值，填写参数时个数可选。
● 参数的赋值，可以按照参数的名字来赋值，赋值的顺序可以改变。
● 支持不定个数参数，可以编写类似于 C 中 printf 那样的函数。

例如，需要编写一个用于计算长方体体积的函数，包括 3 个参数：长、宽、高。对于这样一个函数，可以定义如下：

```
>>> def getvolume(len,width,height):
...     return len*width*height
```

也可以设定这 3 个参数，这样没有指定参数值，会使用默认值进行调用，例如：

```
>>> def getvolume(len=0,width=0,height=0):
...     return len*width*height
...
>>> getvolume(12,13)
0
```

并且参数的赋值顺序也不一定是固定的，只要指定名字调用就没有问题，例如：

```
>>> getvolume(width=12, height=2,len=3)
72
```

如果使用过 C 语言的 printf()，就会对可变参数的意义比较了解。printf()函数只需要按照指定的格式，就可以输入任意个数的参数。Python 的 print()用法和 C 语言的 printf()颇为相似。例子 4.4 是 Python 的 print()方法和 C 语言的 printf()函数的比较。

例子 4.4　Python 的 print()方法和 C 语言的 printf()函数

```
01  >>>print("你好")
02  你好
03  >>> print("%s" % "你好")
04  你好
05  >>> print("%s,%s" %("你好","中国"))
06  你好,中国
07  >>> print("%s,%s,%d" %("你好","中国",2018))
08  你好,中国,2018
09
10  printf("你好")   #以下是 C 语言的语句
11  你好
12  printf("%s","你好")
13  你好
14  printf("%s,%s","你好","中国")
15  你好,中国
16  printf("%s,%s,%d","你好","中国",2018)
17  你好,中国,2018
```

在例子 4.4 中，第 1 行到第 8 行是 Python 的 print()方法，第 10 行到第 17 行是 C 语言的 printf()函数。从中可以看出，两者是非常相似的，不同的是，print()方法不是 Python 函数。下面使用 Python 的不定参数来定义一个和 C 语言 printf()函数一样的函数：

```
>>> def printf(format,*arg):
...     print(format%arg)
...
```

```
>>> printf("你好")
你好
>>> printf("%s,%s","你好","中国")
你好,中国
>>> printf("%s,%s,%d","你好","中国",2018)
你好,中国,2018
>>>
```

在 Python 中，不定参数使用*arg 来表示，而 arg 实际是一个元组（tuple）。它上面存放了输入的参数，例如：

```
>>> def getchange(*arg):
...     print(arg)
...
>>> getchange(1,2,3)
(1, 2, 3)
>>> getchange("a","b")
('a', 'b')
```

可以通过访问元组方法来访问可变参数。例如，编写一个累加所有参数的函数：

```
>>> def addall(*arg):
...     total=0
...     for arg_one in arg:
...         total+=arg_one
...     return total
...
>>> addall(1,2,3,4)
10
addall(1,2,3,4,8,9)
27
```

对于可变参数，除了使用*arg 来表示外，也可以使用**argv 来表示。不同的是，使用**argv 表示时，可变参数就会放到一个字典中，并且在输入参数时必须说明参数的名字；使用*arg 方法，在输入参数的时候，不能使用参数的名字。例如：

```
>>> getall(1)
(1,)
>>> getall(1,2)
(1, 2)
>>> getall(1,2,3)
(1, 2, 3)
>>> getall1(one=1)
{'one': 1}
>>> getall1(one=1,two=2)
{'two': 2, 'one': 1}
```

固定参数和可选参数、可变参数可以组合起来。Python 优先接受固定参数，然后是可选参数，最后是可变参数，所以*arg、**argv 只能够放到参数的最后，并且*arg 必须放到 **argv 之前，可变参数只能放到固定参数后面。例如：

```
>>> def funexe(keyparam,chioce=1,*arg,**keywords):
...     print(keyparam,chioce,arg,keywords)
...
>>> funexe('a','b','c','e')
a b ('c', 'e') {}
>>> funexe('a','b','c','e',three=3)
a b ('c', 'e') {'three': 3}
```

4.2.3　函数调用和返回

可以使用函数名称来调用函数，例如：

```
>>> funexe('a','b','c','e',three=3)
a b ('c', 'e') {'three': 3}
```

函数名称本身也可以作为参数传递调用，例如：

```
>>> def addtwo(a,b):
...     return a+b
...
>>> addtwo(1,2)
3
>>> add1=addtwo
>>> add1(3,5)
8
```

也可以将函数名作为参数传给另一个函数做调用，例如：

```
>>> def test2(fun,a,b):
...     return fun(a,b)
...
>>> test2(add1,3,4)
7
```

对一个函数，需要有返回值时，可以使用 return 语句。若不使用 return 语句，则返回为 None 类型。例如：

```
>>> def addtwo(a,b):
...     return a+b
...
>>> print(addtwo(2,3))
5
>>> def addtwo(a,b):
```

```
...      a+b
...
>>> print(addtwo(2,3))
None
```

4.2.4　lambda 函数

lambda 函数是函数式编程中的一个概念。函数式编程是一种编程典范，不同于 C 语言这样的命令式语言，它将电脑运算视为函数（lambda 演算）计算的过程。最早的函数式编程语言是 LISP，现代的函数式编程语言有 Haskell、Erlang 等，函数式编程语言在人工智能、数据挖掘、算法设计等计算机领域有着重要的作用。

可以简单地将 lambda 函数理解为一种单行的匿名函数，例如：

```
>>> b=lambda a,b:a+b
>>> b(1,2)
3
```

需要注意的是，匿名函数只能有一行代码，可以有多个参数，包括可变参数，但是表达式只能为一个，并且只能为简单的操作。更本质地说，后面的表达式是能够返回一个值的，不能返回值的不能放在这里。例如：

```
>>> g = lambda x, y=0, z=0: x+y+z
>>> g(4,5,6)
15
>>> (lambda x, y=0, z=0: x+y+z)(1,2,3)
6
```

在 Python 中，lambda 函数可以通过一些技巧来实现 if 或者 for 的功能，代码量则少很多，比如可以使用 and 和 or 表达式来代替 if 语句，例如：

```
>>> def judage(a):
...     if a:
...         b=3
...     else:
...         b=2
...     return b
>>> f=lambda a:(a and 3 or 2)
```

集合这些 lambda 函数的特性，可以使用 lambda 函数以更短的代码实现一些需要多条循环选择语句实现的功能。例子 4.5 给出求质数的两种方法，从中可以看出使用 lambda 函数和普通函数求质数的区别。

例子 4.5　求质数的两种方法比较

```
01    >>> def isPrime(n):
02    ...     mid = int(pow(n,0.5)+1)
```

```
03   ...      for i in range(2,mid):
04   ...          if n % i == 0 : return False
05   ...      return True
06   ...
07   >>> primes=[]
08   >>> for i in range(2,100):
09   ...     if isPrime(i): primes += [i]
10   ...
11   >>> print(primes)
12   [2, 3, 5, 7, 11, 13, 17, 19, 23, 29, 31, 37, 41, 43, 47, 53, 59, 61,
67, 71, 73, 79, 83, 89, 97]
13   >>> from functools import reduce
14   >>> print(reduce(lambda l,y:not 0 in map(lambda x:y % x, l) and l+[y]
or l,range(2,100), [] ))
15   [2, 3, 5, 7, 11, 13, 17, 19, 23, 29, 31, 37, 41, 43, 47, 53, 59, 61,
67, 71, 73, 79, 83, 89, 97]
16   >>>
```

第 1 行到第 11 行使用普通的函数来求 100 内的所有质数。第 14 行使用了 lambda 函数方法。其中，not 0 in map(lambda x:y %x,l) 表示数 y 能否被 l 中的任何一个数整除，继而返回 l+[y]或者 l，这和第 4~5 行的代码是同一个作用。

对于习惯了命令式编程的人来说，第 1~11 代码虽然较长，但是比较清晰易懂，容易维护。对于熟悉函数式编程的人来说，第 14 行代码不但简洁，而且可读性更好。Python 同时提供了这两种编程方式和支持，具体使用哪种，要视个人情况而定。

4.2.5　嵌套函数

在 Python 中，可以在函数内部定义函数，例如：

```
>>> def getfun(x,y):
...     def addfun(a,b):
...         return a*b
...     return addfun(x,y)
...
>>> getfun(2,3)
6
```

对于嵌套函数，内层函数可以访问外层函数的变量，但是 Python 没有提供由内而外的绑定措施，所以在使用内层函数访问外层函数的时候要特别注意这一点，以免逻辑出错。可以参看下面的例子：

```
>>> def getfun(x,y):
...     a=3
...     def test2():
```

```
...         a=1
...     return a
...
>>> getfun(1,3)
3
```

在上面的代码中，getfun()函数的变量 a 在 test2 中无法被绑定，最后返回的结果 getfun()的变量 a 还是绑定原来的数值对象 3。

4.2.6 函数的作用域

在 Python 中查找变量，有一个所谓的 LGB 原则：L 是 local name space，局部命名空间的意思；G 是 global name space，全局命名空间的意思；B 是 buildin name space，内在命名空间的意思。LGB 原则是指，对于一个变量名称，先查找局部命名空间，再查找全局命名空间，最后查找内在命令空间。

例子 4.6   函数作用域

```
01   >>> var=[]
02   >>> def test2():
03   ...     var=[1]
04   …     var.append(1)
05   ...     return var
06   >>> test2()
07   [1,1]
08   >>> print(var)
09   []
10   >>> def test3():
11   ...     var.append(2)
12   ...     return var
13   ...
14   >>> test3()
15   [2]
16   >>> print(var)
17   [2]
```

例子 4.6 中的第 3 行代码定义一个变量为一个列表。该变量在局部命名空间下，所以优先级最高，所以在第 4 行进行 append 操作的时候，应该对局部变量 var 进行操作，而不是对全局变量 var 进行操作。第 11 行没有定义局部变量，所以 append()操作作用在全局变量 var 上。

4.3　开始编程：八皇后算法

在 4.1 和 4.2 节中讨论了 Python 的流程控制和函数的用法，本节将使用这些知识点来实现八皇后问题的算法。

【本节代码参考：C04\py_4.7.py】

4.3.1　八皇后问题

八皇后问题：在 8*8 国际象棋棋盘上，要求在每一行放置一个皇后，且能做到在竖方向、斜方向都没有冲突。国际象棋的棋盘如图 4.1 所示。

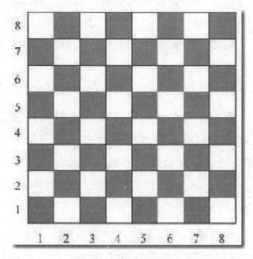

图 4.1　国际象棋棋盘

八皇后问题是一个古老而著名的问题，是 19 世纪著名的数学家高斯于 1850 年提出的：在 8*8 格的国际象棋上摆放八个皇后，使其不能互相攻击，即任意两个皇后都不能处于同一行、同一列或同一斜线上，问有多少种摆法。高斯认为有 76 种方案。1854 年在柏林的象棋杂志上不同的作者发表了 40 种不同的解，后来有人用图论的方法解出 92 种结果。计算机诞生以后，八皇后问题也成为计算机数据结构和算法的经典题目。

4.3.2　问题分析

对于这种较为复杂的算法问题，可以采用逐步试探的方法，能够继续前进，则更进一步，如果不能，就换个方向尝试，可称之为回溯法。

首先我们来分析一下国际象棋的规则。对于一个国际象棋的棋盘，每一个点，我们都用一个坐标来表示，这里采用图 4.1 一样的坐标，左下角为（1，1），右上角为（8，8），一个皇后（x,y）能否被另一个皇后（a,b）吃掉主要取决于下面四个方面：

（1）x=a，两个皇后在同一行上。

（2）y=b，两个皇后在同一列上。

（3）x+y=a+b，两个皇后在同一斜向正方向。

（4）x-y=a-b，两个皇后在同一斜向反方向。

有了上面的规则，可以先从第一个皇后开始分析，如果将第一个皇后放到（1，1）格中，那么根据规则：

（1）第二皇后可以放在（2，3）、（2，4）到（2，8）的任一个，现在假设放到（2，3）。

（2）第二皇后放到（2，3），那么第三个皇后只有（3，5）、（3，6）到（3，8）这四种可能可选择。现在假设放到（3，5）。

（3）第三个皇后放到（3，5），那么第四个皇后只有（4，2）、（4，7）、（4，8）这三种可能可选，假设放到（4，2）中。

（4）第四个皇后放到（4，2），那么第五个皇后只有（5，4）和（5，8）这两个地方可选，假设放到（5，4）中。

（5）第五个皇后放在（5，4），那么第六个皇后没有安全的位置可放。

在摆到第六个皇后时，就会无法再继续下去了，这时回到放第五个皇后的第二个选择（5，8），然后继续尝试第六个皇后，发现仍然没有安全的位置，只好再回到放第四个皇后，继续第四个皇后的其他可能。以此类推，不断尝试，一直到放最后一个皇后。

从第一步开始尝试，逐步尝试后，失败了就返回上一个步骤，尝试其他可能。根据上面的分析，用回溯的方法解决八皇后问题的步骤为：

（1）从第一列开始，为皇后找到安全位置，然后跳到下一列。

（2）如果在第 n 列出现死胡同，并且该列为第一列，那么棋局失败，否则后退到上一列，再进行回溯。

（3）如果在第 8 列上找到了安全位置，那么棋局成功。

4.3.3　程序设计

根据 4.3.2 小节对八皇后问题的分析，八皇后问题的步骤在于三步：找安全位置，继续下一列，如果下一列找不到安全位置，就进行回溯，直到八个皇后都找到安全位置为止。

对于程序设计来说，首先设计象棋棋盘的数据结构，然后编写安全位置的判断，最后撰写回溯的功能。

（1）象棋棋盘的数据结构

可以用列表来表示一个象棋棋盘，每个列表里有 8 个列表，每个列表有 8 个元素，例如：

```
>>> chess=[[0 for x in range(8)] for x in range(8)]
>>> print(chess)
[[0, 0, 0, 0, 0, 0, 0, 0], [0, 0, 0, 0, 0, 0, 0, 0], [0, 0, 0, 0, 0, 0, 0,
0], [0, 0, 0, 0, 0, 0, 0, 0], [0, 0, 0, 0, 0, 0, 0, 0], [0, 0, 0, 0, 0, 0, 0,
```

0], [0, 0, 0, 0, 0, 0, 0, 0], [0, 0, 0, 0, 0, 0, 0, 0]]
```
>>>
```

对于 chess 列表，初始元素值均为 0，元素值大于 0 为不安全、0 为安全。

（2）安全位置的判断

根据象棋棋盘数据结构的设计，凡是元素值为 0 的都是安全的，凡是元素值不为 0 的都是不安全的。可以使用下面的函数来实现这个功能：

```
>>> def judgedanger(chess,x,y):
...     if chess[x][y]==0:
...         return True
...     else:
...         return False
```

（3）回溯功能的实现

回溯的功能，需要先判断安全的位置，然后将皇后放到安全的位置，在将皇后放到安全的位置时，同时需要将该皇后的吃棋范围记录到 chess 列表中，这样下一步可以根据 chess 列表来判断安全的位置，同理，在该位置被认为无效，需要回溯的时候，同样需要将棋的范围位置信息清除，恢复到放皇后之前的状态。

实现记录吃棋范围信息的记录，可以使用如下代码：

```
>>> def setdanger(chess,x,y):
...     for col in range(len(chess)):
...         for row in range(len(chess[0])):
...             if col==x:
...                 chess[col][row]+=1
...             elif row==y:
...                 chess[col][row]+=1
...             elif col+row==x+y:
...                 chess[col][row]+=1
...             elif col-row==x-y:
...                 chess[col][row]+=1
...             else:
...                 pass
```

上面的代码根据皇后吃棋的四个判断规则对棋盘列表的每个位置做判断，如果皇后可以吃到，就将位置值加 1，表示该位置不再安全。

对于清除吃棋的范围位置信息，使用相反的逻辑思路。和记录吃棋范围信息相反，它将皇后可以吃到的位置信息减 1，减到 0 时表示该位置安全，可以放皇后。

```
>>> def erasedanger(chess,x,y):
...     for col in range(len(chess)):
...         for row in range(len(chess[0])):
...             if col==x:
```

77

```
...                chess[col][row]-=1
...            elif row==y:
...                chess[col][row]-=1
...            elif col+row==x+y:
...                chess[col][row]-=1
...            elif col-row==x-y:
...                chess[col][row]-=1
...            else:
...                pass
```

在上面实现了记录吃棋位置信息和清除吃棋位置信息的函数后，就可以将这两个函数用于回溯中的吃棋范围信息记录。

回溯过程中需要经常判断下一行是否有安全位置，所以先编写一个判断一行中有无安全位置的函数：

```
>>> def judgecol(chess,col):
...     for row in range(len(chess[col])):
...         if judgedanger(chess, col,row):
...             break
...     else:
...         return False
...     return True
```

在这些代码的基础上，可以使用回溯法。按照 4.3.2 小节对回溯规则的分析，回溯的步骤如下：

（1）将第 n 个皇后放到一个安全的位置。

（2）将 n 皇后的吃棋范围标出，尝试放置 n+1 皇后的安全位置。

（3）如果 n+1 皇后无安全位置，就回溯到 n 皇后，让 n 皇后清除吃棋范围，尝试下一个安全位置，重复第（2）步。

根据上面回溯步骤的分析，可以得到如下代码：

```
01   >>> def tryqueen(chess,col,flag,result):
02   ...     flag[0]=True
03   ...     if col==8:
04   ...         print("find")
05   ...     else:
06   ...         if  judgecol(chess,col):
07   ...             for row in range(len(chess[col])):
08   ...                 if judgedanger(chess,col,row):
09   ...                     #print "ok"+str(col)+":"+str(row)
10   ...                     setdanger(chess,col,row)
11   ...                     result.append((col,row))
12   ...                     tryqueen(chess,col+1,flag,result)
```

```
13   ...                if flag[0]==False:
14   ...                    erasedanger(chess,col,row)
15   ...                    result.pop()
16   ...            else:
17   ...                flag[0]=False
```

例子 4.7 是对上面回溯三段分析的实现。第 6 行代码判断该皇后是否还有安全位置，如果有，就开始尝试放置到第一个安全位置，在第 9 行成功放置到安全位置，第 10 行将该皇后的吃棋范围标出来，接着在第 12 行放置下一个皇后，如果下一个皇后没有安全位置（用 flag 标志来表示），就在第 14 行使用 erasedanger 清除吃棋范围信息，该皇后将尝试下一个安全位置，然后重复类似的步骤。一直到 8 个皇后全部放到安全的位置（代码第 4 行），求出八皇后问题的一个解。

4.3.4　问题深入

在 4.3.3 小节中，经过分析，已经可以使用函数求得八皇后问题的一个解，那么如何取得八皇后问题所有的 92 个解呢？

在上一小节的代码中，回溯结束的条件是：当第 8 个皇后可以放置到象棋棋盘中时，函数将是否有安全位置的标志设置为 True，这样尝试的过程就结束了。如果修改回溯结束的条件为：在第 8 个皇放置到象棋棋盘后打印出结果列表，并且将标志人为地设置为没有安全位置（将 flag[0]设置为 False），那么情况就如同没有找到解一样，函数会回溯上一次尝试的地方，尝试下一个可能，因为回溯结束条件中的标志被人为地设置为没有找到，这样函数就会尝试所有的可能，也就可以找出所有的解。

下面的代码是对八皇后所有解的求解。

```
01   >>> def tryqueen(chess,col,flag,result):
02   ...     flag[0]=True
03   ...     if col==8:
04   ...         print(result)
05   ...         flag[0]=False
06   ...     else:
07   ...         if  judgecol(chess,col):
08   ...             for row in range(len(chess[col])):
09   ...                 if judgedanger(chess,col,row):
10   ...                     #print "ok"+str(col)+":"+str(row)
11   ...                     setdanger(chess,col,row)
12   ...                     result.append((col,row))
13   ...                     tryqueen(chess,col+1,flag,result)
14   ...                     if flag[0]==False:
15   ...                         erasedanger(chess,col,row)
16   ...                         result.pop()
17   ...                     else:
```

79

```
18  ...                    flag[0]=False
```

修改部分主要是第 4~6 行，第 4 行开始打印结果列表，第 5 行将标志设置为 False，这样 tryqueen()函数就会一直尝试下去，直到尝试了所有可能，找出八皇后问题的某个解。

4.3.5　问题总结

八皇后问题是在计算机算法上的一个经典题目，解决的算法也很多，最简单的是穷举法。穷举法是对八皇后所有位置的可能进行一一判断（总共有 8 的 8 次方个可能），然后从中得到符合要求的 92 种可能。本小节使用的是较为复杂的算法：回溯法。相比穷举法，回溯法的算法性能更好一些，实现要复杂一些。例子 4.7 是用 Python 实现八皇后回溯算法的完整代码。

 本例的算法有一些缺陷，并不能实现八皇后的所有解，这里只是用回溯法和简单的函数给读者演示一种求解的过程，等读者学完所有内容后，可以再利用一些高级内容实现更好更完善的算法。

例子 4.7　八皇后问题的 Python 回溯实现

```python
def setdanger(chess,x,y):
    for col in range(len(chess)):
        for row in range(len(chess[0])):
            if col==x:
                chess[col][row]+=1
            elif row==y:
                chess[col][row]+=1
            elif col+row==x+y:
                chess[col][row]+=1
            elif col-row==x-y:
                chess[col][row]+=1
            else:
                pass

def erasedanger(chess,x,y):
    for col in range(len(chess)):
        for row in range(len(chess[0])):
            if col==x:
                chess[col][row]-=1
            elif row==y:
                chess[col][row]-=1
            elif col+row==x+y:
                chess[col][row]-=1
```

```
            elif col-row==x-y:
                chess[col][row]-=1
            else:
                pass

def judgedanger(chess,x,y):
    if chess[x][y]==0:
        return True
    else:
        return False

def judgecol(chess,col):
    for row in range(len(chess[col])):
        if judgedanger(chess,col,row):
            break
    else:
        return False
    return True

def tryqueen(chess,col,flag,result):
    flag=True
    if col==8:
        print(result)
        result=[]
        flag=False
    else:
        if judgecol(chess,col):
            for row in range(len(chess[col])):
                if judgedanger(chess,col,row):
                    print("安全"+str(col)+":"+str(row))
                    setdanger(chess,col,row)
                    result.append((col,row))
                    tryqueen(chess,col+1,flag,result)
                    if flag==False:
                        erasedanger(chess,col,row)
                        result.pop()
                else:
                    flag=False

if __name__=='__main__':
    chess=[[0 for x in range(8)] for x in range(8)]
    result=[]
    flag=True
```

```
tryqueen(chess,0,flag,result)
```

4.4 本章小结

本章讨论了 Python 的流程控制和函数的相关知识点，在综合应用方面列举了八皇后问题的求解方法。在学习本章的过程中，需要注意的是：

- Python 的 for 用法和其他语句颇为不同。
- Python 的循环结构也可带 else 语句，这是 Python 语言的特性。
- 使用嵌套函数时，目前 Python 还不支持对外层变量的绑定。

学习完本章，读者可以思考如下问题：

（1）如何用穷举法求解八皇后问题？
（2）如果是在一个 m*n 的棋盘上放置 n 个皇后，该如何求解？

第 5 章

◀ 类和对象 ▶

在前面章节的应用案例中，分析具体应用时都是以数据为中心，将一个大的功能分成几个模块，把一个复杂的问题分解到若干子问题函数中逐个解决，这种方法称为结构化编程模式。这种模式以数据为中心进行分析和模块开发，使得代码的重用性、灵活性、扩展性都不足以满足软件日益复杂的需求。为了解决这个问题，面向对象的程序设计（Object Oriented Programming，OOP）就产生了。阅读本章需要一些 UML 基础知识，读者可以做一些前置阅读工作，利用互联网了解一下 UML 的基本图形。

本章的主要内容是：

- 面向对象的由来。
- Python 中的类和对象。
- 类的定义和应用。

5.1 面向对象

面向对象（Object Oriented）是一种编程的思想，而不是一种编程语言。面向对象的核心概念就是抽象（Encapsulation）、继承（Inheritance）、多态（Polymorphism)。

5.1.1 面向对象的历史

面向对象是从 20 世纪 90 年代才开始广泛使用的编程模式，但是面向对象的编程思想却相当古老，早在 20 世纪 60 年代就有人提出了面向对象的思想，并且创造了世界上第一种具备面向对象特性的语言 Simula-67。在 20 世纪 70 年代，施乐帕洛阿尔托研究中心（PARC）的 Alan Key 等人发明了第二代面向对象 SmallTalk，更是影响深远，对其他众多的程序设计语言的产生起到了极大的推动作用，例如 C++、Java、Objective-C、Python、Ruby、C#等。

5.1.2 面向对象概述

面向对象是一种编程思想，提倡在构造软件系统的时候使用贴近真实生活的思维方式来进行设计和编程。在面向对象思想中，一切均是对象，每个对象都有它的属性和方法，每个对象都可以通过消息互相交互。

相对于传统的结构化编程，面向对象更贴近真实的生活，因为在真实生活中，并不是以数据为中心，而是含有各种各样的东西（对象）。例如，一个人去超市购买东西，那么在真实生活中，这样一个活动实际是由顾客、商品、售货员等不同的几个对象来相互发生联系的一个过程。在编写这样一个计算机程序的时候，以顾客、商品、销售员为对象进行分析，显然比以商品的价格、销售、顾客的数量等数据为中心进行分析更容易理解一些。

面向对象的方法在代码重用性、灵活性、扩展性上都要比结构化编程模式更好一些。例如，编写一个超市的销售程序。结构化编程模式以数据为中心，关心的是数据，例如商品数量、价格、库存、销售总数等。采用这种方法就会将一个超市的销售程序分成更小的若干模块，如图 5.1 所示。

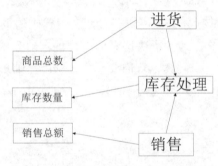

图 5.1　超市销售程序的结构化分析

采用结构化的编程思想，将超市的销售活动分解成 3 个功能模块来完成，如果这个超市销售程序不需要再扩展功能，倒也没什么问题，但是软件的一大特点就是随业务变化快，更新和扩展功能更是如此。例如，超市要求程序员对该程序增加会员的功能，在销售的时候会员可以对特定商品进行打折优惠，这时程序员就倒霉了，只能修改销售模块，增加有关会员的逻辑，还要增加会员和折扣数据的处理，这些都需要在原有的代码基础上做改动，当然不会是一件轻松的事。

面向对象的编程则没有这个问题。面向对象的编程思想本来就以对象为分析的出发点，超市的销售活动可以看成顾客、售货员、钱柜、货架、商品这几个不同的对象互相交互的过程：顾客从货架上取出商品，付钱给售货员，售货员把钱放进钱柜，新的商品到了，放到对应的货架。图 5.2 所示就是按这种分析得到的结果。

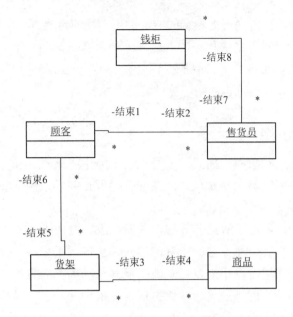

图 5.2　超市销售程序的面向对象分析

　　正因为面向对象的模式更贴近真实的生活，所以当需求变化的时候，也就能很方便地做扩展了。例如，超市销售程序需要扩展功能：对顾客进行分类处理，对会员做折扣处理，对非会员进行非折扣处理。这样的功能改造对结构化分析模型来说是不简单的事情——需要重新改造数据流程，工作量比较大；对面向对象模型来说，则较为方便，只需要使用面向对象的继承特性，对顾客类进行改造就可以了，不需要去更改整个框架。图 5.3 是使用继承对顾客类的改造。

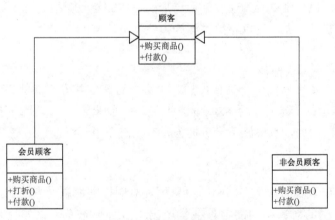

图 5.3　顾客类的改造

　　图 5.3 在原来的模型上为顾客新建立两个子类。所谓子类，就是继承了父类的属性和方法，顾客有两个方法（购买商品和付款），那么会员顾客和非会员顾客作为他的子类，天然地就拥有了和顾客一样的方法，这就叫继承。

　　对于会员顾客，他付款的情况和普通顾客不一样，他买东西可以打折，付得更少一点，那么会员顾客的类可以在他父类的基础上进行修改，他的付款方法可以和父类的付款方法不一样。售货员在收钱时，会自动根据顾客的情况调用不同的付款方法，这就叫多态。

有了继承和多态，对超市销售程序的改造就无须那么伤筋动骨了，主流程不变，只不过为顾客类加了两个子类，而售货员又能根据顾客类的不同，自动调用他们的付款函数，所以其他部分代码都无须更改，这就是面向对象的好处。

5.1.3 面向对象小结

简单地说，所谓面向对象编程模式，就是以对象为中心来设计和开发程序，也就说将现实的软件需求抽象成不同的对象和对象之间的交互过程，并且按照现实中的流程搭建不同对象之间交互的模式。

传统的结构化设计，着重于数据和算法，一般在编写时，主要精力都放在算法的设计和编写上。面向对象设计更看重对象之间交互的模式，更偏重于精心设计对象的模式，越是灵活、越是重用性高的模式越可以带来以后功能扩展升级和维护的方便。在面向对象的不断应用中，有些模式被认为具有优秀的灵活性、扩展性、重用性，这些模式就成为经典的设计模式，这也是软件设计模式的由来（Design Patterns）。

对于面向对象的初学者来说，有关面向对象的思想，只需要记住以下几个概念就可以了：

● 类

类就是类别或者类型，是用来定义对象的。比如说狗是一种动物类型，有一只小狗叫旺旺，旺旺就是对象（狗类的对象），在计算机术语里，又称旺旺是狗的实例化。

● 对象

对象是类的实例化，是以类为模板创造出来的，比如整数类型是一个类，但是数值 3 是一个对象，是一个整型对象，是以整数类型为模板创造出来的。

● 继承

继承又叫泛化，是可以使一个类获得另一个类所有属性和方法的能力，被继承的类称为父类或者基类，继承的类被称为子类或者派生类，一般来说，父类比子类更抽象，更加泛泛，所以又叫泛化。例如，水果比苹果更抽象，车比汽车更泛泛。

● 多态

通过继承联系在一起的各个不同类的对象可针对同样的消息（方法调用）做出不同的响应，发送给多个类型的对象相同的消息会呈现出"多种形态"，比如说几何形状是一个父类，正方形、圆形、三角形、矩形是它的子类，它们都有一个共同的方法计算面积，虽然正方形、圆形、三角形、矩形的计算方法完全不一样，但是在使用的时候只需要调用同样的计算面积的方法，它们会按照不同的方式来计算，使用者无须关心它们（各种形状）具体的计算细节，这就叫多态。

5.2 Python 类和对象

虽然 Python 本质上的一切均是对象，但是在使用形式上并不强制程序员使用面向对象的模式来编写程序，程序员仍然可以使用结构化的编程思路，直接使用函数等。在 Python 中，函数也是一种对象，不管应用何种模式来使用，Python 的根源仍然是面向对象的。

5.2.1 类的定义

类由属性和方法组成。在 Python 中，使用关键字 class 来定义类，语法如下：

```
class ClassName(father class name):
    <statement-1>
    .
    .
    .
    <statement-N>
```

 Python 的类分为经典类和新式类，区别在于新式类默认继承 object 类。建议尽可能使用新式类。

其中，ClassName 表示自定义类的名字，statement 是类成员表达式，可以为属性也可以为方法，例如：

```
>>> class customer(object):
...     buy_dict={}
...     def buy(self,pro_name,price):
...         self.buy_dict[pro_name]=price
```

在上面的例子中，定义了类的名字（customer），这个类继承于父类 object 类。它有两个成员：buy_dict 是属性，buy 是方法。类属性定义可以在 class 下面显式地定义，也可以在方法里面隐式地定义，例如：

```
>>> class TestA(object):
...     value=0
...     def printf(self):
...         print(value)
>>> class TestB(object):
...     def printf (self):
...         self.value=0
...         print(self.value)
```

TestA 和 TestB 都有属性 value，只不过一个是在 class 下显式地定义，而另一个是在

TestB 的方法 printf()中隐式地定义。需要特别注意的是，在方法中隐式定义属性的时候，要在属性名前加 self，这是显式和隐式最大的不同。

类方法的定义和函数的定义非常相似，并且函数所支持的调用方法，类方法也全都支持。不同的是，类方法的第 1 个参数必须为默认的 self，定义 Python 类方法时没有带 self 的参数是最容易犯的错误。

注意
　　类方法的第 1 个参数必须为 self，要特别注意这一点。

5.2.2　类的实例化

所谓实例化，就是创建一个类的对象。定义一个类，只是造出一个类型，这个类型只有实例化成对象，才有真正的使用意义。Python 有很多内置的类型，比如数值类型、列表类型、字典类型。这些类本身是没有用的，只有拿它们去定义一个数字（对象）、一个列表对象、一个字典对象，才有真正的意义。同样的，当定义一个类时，这个新定义的类型是没有用的，需要以它为模板去创造真正可以使用的对象。

实例化一般通过直接调用类名方法来创建，例如：

```
>>> class TestA(object):
...     value=0
...     def printf(self):
...         print(self.value)
...
>>> a=TestA()
>>> a.printf()
```

在上面的例子中，就是使用类 TestA 实例化了一个对象 a，a 拥有 TestA 定义好的属性和方法，第 2 章在介绍内置类型的时候，实例化那些内置类型，都是使用内置语法层次来实例化，实际上 Python 任何类型都是面向对象意义上的类，所以都可以使用通用的实例化方法。例子 5.1 是对内置类型实例化的展示。

例子 5.1　内置类型实例化

```
01  >>>a=1
02  >>>b=int(1)
03  >>>type(a)
04  <class 'int'>
05  >>> type(b)
06  <class'int'>
07  >>> a=1.
08  >>>b=float(1)
09  >>>type(a)
10  <class 'float'>
```

```
11   >>> type(b)
12   <class 'float'>
13   >>> a={1:2,2:3}
14   >>> b=dict([(1,2),(2,3)])
15   >>> print(b)
16   {1: 2, 2: 3}
17   >>>a=()
18   >>>b=tuple()
19   >>>print(b)
20   ()
```

例子 5.1 使用两种方法来实例化这些类型：一是语法层次上，二是使用类的通用实例化方法。这两个方法是等价的。从语法层次上来实例化这些内置类型是为了使用更加方便直接，比如列表类型。如果不使用[]来实例化，也可以使用 list()来实例化，但是这样就没有那么直观方便了。

5.2.3　类的方法

简单说，类的方法就是在类的内部所定义的函数，只不过这个函数的首个参数必须为self（代表自身）。Python 用 self 关键字表示自己本身，在方法内部调用本身的属性和方法都必须使用 self。对于类的方法有三大原则：

● 　类方法的第一个参数必须是 self。

● 　类方法里面调用类本身的属性和方法，都必须在属性和方法前加 self。

● 　类方法的名字开头可以为下划线或者字母，不可为其他字符。如果类方法名字的开头为两个下划线并且结尾不为两个下划线，就是私有方法。所谓私有方法，就是只能为类的其他方法调用的方法。

例如 5.1 节的超市销售程序，需要定义一个会员顾客的类，会员顾客拥有购买水果打折的权力，但是会员对不同的水果有不同的折扣（苹果是九折，桃子是八折，香蕉是七折）。要定义这样的一个类，需要定义两个方法：一个是购买方法，一个是打折方法，并且打折方法只提供给购买方法使用（因为打折行为在买东西时才会产生），这样需要将打折方法定义为私有方法。例子 5.2 是会员顾客的类定义。

例子 5.2　会员顾客的类定义

```
01   >>> class vipcust(object):
02   ...     def buy_some(self,prod_name,price):
03   ...         disct_price=self.__disct(prod_name,price)
04   ...         self.prod_dict[prod_name]=disct_price
05   ...     def __disct(self,prod_name,price):
06   ...         if prod_name=="苹果":
07   ...             return price*0.9
```

```
08  ...          elif prod_name=="桃子":
09  ...              return price*0.8
10  ...          elif prod_name=="香蕉":
11  ...              return price*0.7
12  ...          else:
13  ...              return price
14  ...
15  >>>
```

在例子 5.2 中，定义了两个方法：buy_some()和__disct()。buy_some()是会员顾客的购买方法，把顾客购买的物品名字和价格保存到属性 prod_dict 中。因为会员顾客有打折的权力，在购买时，先要对商品进行打折，所以会员又为顾客类定义了一个__disct()方法。因为会员打折只需要被会员类的购买方法调用，所以可以定义成私有方法，也就是在方法前面加两个下划线。定义完打折方法以后，buy_some()方法先调用__disct()方法再保存会员客户购买的物品和价格。

 意   在类方法中调用自身的属性和方法时必须使用 self。

5.2.4 类的特殊方法

在 Python 类的方法中，有一部分特殊的方法，它们不同于普通类的方法，主要包括两类：类的初始化函数和析构函数、类的操作符方法。

1. 类的初始化函数和析构函数

类的初始化函数和析构函数分别是__init__和__del__。初始化函数是在类被实例化为对象时调用的函数，析构函数是在对象被 del 操作从内存中卸载时所调用的函数。可以看下面的例子：

```
>>> class TestA(object):
...     def __init__(self):
...         print("TestA 被创建了")
...     def __del__(self):
...         print("TestA 被删除了")
...
>>> aa=TestA()
TestA 被创建了
>>> del aa
TestA 被删除了
>>>
```

2.类的操作符方法

操作符方法就是让类支持加、减、乘、除等各种运算的方法，数值类型、列表、元组等类型都是通过实现这些操作符方法得到了进行加、减、乘、除的操作能力。在自定义的类中，同样可以实现这些方法来支持各种操作符运算。

例如，__add__是加法运算的特殊方法，只要在类里面实现了该方法，就可以支持加法运算：

```
>>> class TestA:
...     bb=3
...     def __add__(self,value):
...         return self.bb+value
...
>>> a=TestA()
>>> a+7
10
```

Python 所支持的操作符方法非常多，常用的方法可参见表 5-1。

表 5-1　Python常用操作符方法

运算符	名称	说明	运算符方法
+	加	两个对象相加	add
-	减	两个对象相减	sub
*	乘	两个对象相乘	mul
/	除	两个对象相除	div
%	取模	返回除法的余数	mod
<<	左移	把一个数的比特向左移一定数目	lshift
>>	右移	把一个数的比特向右移一定数目	rlshift
&	按位与	数的按位与	rand
|	按位或	数的按位或	ror
^	按位异或	数的按位异或	xor
~	按位翻转	x 的按位翻转	invert
<	小于	x<y 返回 x 是否小于 y	lt
>	大于	x>y 返回 x 是否大于 y	gt
<=	小于等于	x<=y 返回 x 是否小于等于 y	le
>=	大于等于	x>=y 返回 x 是否大于等于 y	ge
==	等于	x==y　比较对象是否相等	eq
!=	不等于	x!=y　比较两个对象是否不相等	ne
+=	自身加	x+y，将 y 加到 x 中去，等同于 x=x+y	iadd
-=	自身减	x+y，将 y 从 x 中减去，等同于 x=x-y	isub
x[i:j]	切片	访问 x 的 i 到 j 的部分 z	getslice
x[j]	下标访问	通过 j 下标访问 x	getitem

操作符方法的定义方法和普通方法是一样的，只要重载了运算符对应的运算符方法，那么类就可以使用运算符了。

5.2.5 类的继承

继承又叫泛化，是使一个类获得另一个类所有属性和方法的能力，被继承的类称为父类或基类，继承的类被称为子类或派生类。继承用来描述类型上的父子关系。例如，苹果是水果的一种，水果和苹果就是父子关系，苹果就继承了水果的特性。

在 Python 中，继承的语法是：

```
class <name>(superclass1,superclass2,...):
```

1.单一继承

Python 子类可以有一个或者多个父类，子类会自动获得父类的所有属性和方法。如果一个子类只有一个父类，就叫作单一继承。例子 5.3 是 Python 单一继承的用法。

例子 5.3　Python 单一继承

```
01  >>> class TestA(object):
02  ...     a=0
03  ...     def printf(self):
04  ...         print("this is TestA")
05  ...
06  >>> class TestB(TestA):
07  ...     b=3
08  ...     def printf(self):
09  ...         print("this is TestB")
10  ...     def printA(self):
11  ...         TestA.printf(self)
12  ...
13  >>> bb=TestB()
14  >>> bb.a
15  0
16  >>> bb.b
17  3
18  >>> bb.printf()
19  this is TestB
20  >>> bb.printA()
21  this is TestA
22  >>> class TestB(TestA):
23  ...     b=3
24  ...     def printf(self):
25  ...         print("this is TestB")
26  ...     def printA(self):
```

```
27 ...          super(TestB,self).printf()
28 ...
29 >>> bb.printA()
30 this is TestA
```

例子 5.3 中第 1 行定义一个类 TestA，第 6 行定义了一个新类 TestB（继承了 TestA）。TestB 实现了两个方法：一个是 printf()，一个是 printA()。在 printA()里面调用了父类的 printf()方法，这种调用父类的方法有一个缺点，就是当 TestA 的父类改变时，假如 TestA 本来是 TestB 的子类，现在要改为 TestC 的子类，因为是用父类的名字去调用方法的，所以就要将所有使用 TestB 类名来调用父类的方法都手动改为 TestC，这样就麻烦了，所以 Python 在 2.2 版本后提供了一个自动表示父类函数的方法：super()。

super() 方法是提供给子类自动寻找父类的。在例子 5.3 中的第 27 行（super(TestB,self).printf()）中，super 根据 TestB 找到了它的父类 TestA，然后调用它的 printf()方法，效果上和直接使用 TestA.printf(self)方法是一致的。

2.多重继承

多重继承是指一个子类有好几个父类。多重继承是一个颇有争议的特性，在 C++中颇受人诟病，Java 用接口取代了多重继承，不过 Python 仍然保留了对多重继承的支持。例子 5.4 是多重继承的例子。

例子 5.4　Python 多重继承

```
01 >>> class A(object):
02 ...    def printf(self):
03 ...        print("A")
04 ...
05 >>> class B(object):
06 ...    def printf(self):
07 ...        print("B")
08 ...
09 >>> class C(A,B):
10 ...    def printf(self):
11 ...        print("c")
12 ...        print(A.printf(self))
13 ...        print(B.printf(self))
14 ...
15 >>> bb=C()
16 >>> bb.printf()
17 c
10 A
19 None
20 B
21 None
```

其实类就是将属性和方法捆绑在一起，可以用这个组合为模板实例化一个个对象，就像把轮胎、发动机、钢铁组合起来，起个名字叫汽车，然后按照这个汽车的样子就可以生产一辆辆的小汽车。继承就是在原来组合的基础上，加上想添加的组合，比如在普通轿车的概念上加些敞篷、电子设备，就叫跑车。多重继承是将多个组合混合到一起，在这基础上再添加一些想添加的东西。

3. 重载

在图 5.4 中，类 A 有一个属性 A、一个方法 B，然后类 B 继承类 A；类 B 拥有一个属性 A、一个方法 B，同时新增了一个方法 C。如果类 B 再新增一个方法 B，那么类 B 就有两个方法 B，一个继承而来，一个自定义，它们该如何共存于类 B 中呢？答案是自定义的方法 B 会覆盖继承而来的方法 B。在面向对象中，这种子类覆盖父类的方法称为重载。图 5.5 中虚线框表示被重载的方法。

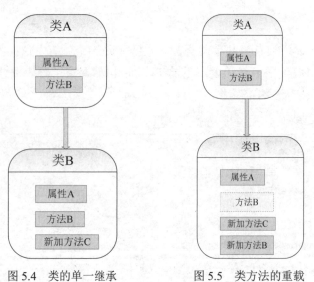

图 5.4　类的单一继承　　　　图 5.5　类方法的重载

类方法重载不只是存在于子类重载父类中，也存在于多重继承的时候，父类之间的方法也会重载，重载的顺序是从右往左。在同名的方法中，最后保留的是第 1 个父类的方法。例子 5.5 是父类方法重载的演示。

例子 5.5　父类方法的重载

```
01  >>> class A(object):
02  ...     a=1
03  ...     def printf(self):
04  ...         print("A")
05  ...
06  >>> class B(object):
07  ...     a=2
```

```
08  ...     def printf(self):
09  ...         print("B")
10  ...
11  >>> class C(object):
12  ...     a=3
13  ...     def printf(self):
14  ...         print("C")
15  >>>class D(A, B, C):
16  …       pass
17  …
18  >>> aa=D()
19  >>> aa.printf()
20  A
21  >>> aa.a
22  1
```

第 15 行的 D 是继承 A、B、C 的类，但是 A、B、C 的属性和方法是一样的，都是 a 和 printf()，D 在继承的过程中是从右向左重载，后一个方法覆盖前一个方法，最后保留的是 A 的方法。图 5.6 更清晰地说明了这一点。

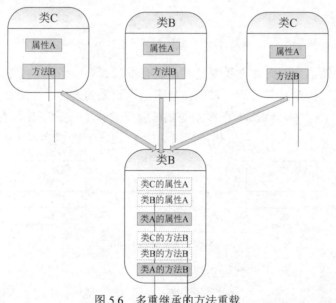

图 5.6　多重继承的方法重载

在编写面向对象程序的时候，通常都先画出类和类之间的关系，国际上通用 UML（Unified Modeling Language）的规范来绘画类和类的关系，一般用方形框来表示类，用空三角箭头和实线来表示一个类继承了另一个类。图 5.7 是用该方法来绘制例子 5.5 的示意图。

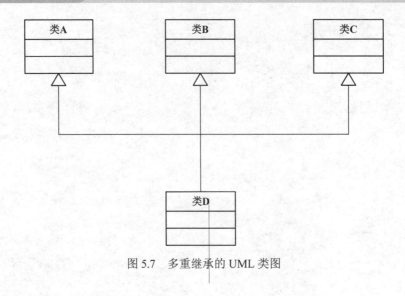

图 5.7　多重继承的 UML 类图

5.2.6　类的关联和依赖

在 5.2.5 节讨论了类的继承（泛化）关系，实际上在面向对象程序设计中，最重要的一个问题是去区分类以及类和类的关系。类的关系除了继承之外，还有依赖、关联，以及聚合和组合。

1.依赖

依赖具有某种偶然性。比如说我要过河，没有桥怎么办，借一条小船渡过去。我与小船的关系仅仅是使用（借用）的关系。表现在代码上为依赖的类的某个方法以被依赖的类作为其参数。如果 A 依赖于 B，就意味着 B 的变化可能要求 A 也发生变化，在 UML 绘图中，一般用一个带虚线的箭头来表示，以人借船过河为例子。UML 图就如图 5.8 所示。

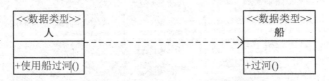

图 5.8　依赖关系的 UML 图

根据这个图，在 Python 中的代码实现如下：

```
>>> class Person(object):
...     def gobyboat(self,boat):
...         boat.overriver()
...
>>> class Boat(object):
...     def overriver(self):
...         pass
```

上面的代码有两个类，Person 和 Boat 类。Person 类的方法 gobyboat()需要 boat 作为参数传入，这样才能调用 boat 的过河（overriver()）方法，这就叫依赖，Person 依赖于 Boat。

2.关联

关联表示一种结构上的关系（如从属关系）。比如一个学生类、一个成绩类，两者的关联是一个学生有多门成绩。关联一般在 UML 图上用没有箭头的实线表示，有单向关联、双向关联、自我关联等各种关系。例如，一个企业有很多个员工，企业和员工就是关联关系，这是单向关联关系。图 5.9 展示了这种 UML 的关联关系。

图 5.9　关联关系的 UML 图

图 5.9 表示了一个单向关联关系，表明一个企业有 N 个员工。在 Python 代码实现上，一般关联关系都是用一个类作为另一个类的成员属性，例如：

```
>>> class employee(object):
...     id=0
...     name=''
>>> class company(object):
...     def __init__(self):
...         self.employeer=employee()
```

上面是关联关系的代码举例，company 类有属性 employee，所有 company 可以通过 employee 来访问 employee 的属性和方法，关联关系要比依赖关系更加紧密，所以又把依赖关系称为弱关联。

5.2.7　类的聚合和组合

聚合和组合（复合）也是类之间的关系之一，其实都是关联的特例，都是整体和部分的关系。它们的区别在于聚合的两个对象之间是可分离的，它们具有各自的生命周期。组合往往表现为一种唇齿相依的关系。实际上这两种关系在语法上一样，区别在于语义上。在语法上，都是将另一个类作为自己的属性，这样就叫聚合或组合，例如：

```
>>> class A(object):
...     pass
...
>>> class B(object):
...     pass
...
>>> class C(object):
...     a=A()
...     b=B()
```

```
>>> class D(object):
...     b=B()
```

在上面的代码中，类 C 有两个属性 a 和 b，所以 C 和 A、B 的关系就是聚合，C 是将 A、B 类聚合到自己身上，而 B 类还作为 D 类的一部分，而 A 只能作为类 C 的一部分，那么类 C 和 A 就是生死与共的一个关系，没有 C 就不存在 A（因为 A 只给 C 当属性使用），那么 A 和 C 就是一个组合关系，而 B 和 A 是聚合关系。

在 UML 中，聚合关系用一个空心菱形带实线来表示，组合关系则是用一个实心的菱形带实线来表示。图 5.10 是类 A、B、C、D 之间的聚合、组合关系图。

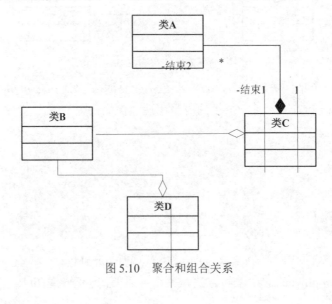

图 5.10　聚合和组合关系

5.2.8　类的关系

在面向对象关系中，一般有继承（泛化）、依赖、关联、聚合、组合等关系，实际上都是用来描述现实某个应用场景下关系关联强度的。

继承关系和其他关系有所区别，一般继承是静态的（虽然 Python 支持对继承关系做动态改变，但是一般使用时不做改变），描述的是程序设计时就定下来的规则。例如，男人是人的一种，卡车是汽车的一种，这种继承的关系是设计之初就定下来的静态规则。

依赖、关联、聚合、复合这些关系是运行时互相交互产生的。例如，在运行过程中，将 A 作为参数传给 B 的方法（依赖关系）；将 A 作为 B 的类属性（关联）；类 A 只作为 B 的属性，不单独存在也不作为其他类的属性（组合）。按照 UML 的标准，一般将依赖、关联、聚合、组合这些关系统称为关联，将依赖称为弱关联、组合称为强关联。

之所以在 UML 中分出这 4 种关系，实际上是为了描述现实世界上各种东西之间关系的强弱，比如人心和人就是一个组合，人和人心同时存在、同时消亡，是紧紧组合在一起的，又比如汽车轮胎和卡车就是一种聚合，汽车轮胎是卡车的一部分，也可以是其他车的一部分，而汽车轮胎和卡车也不是同时存在、同时消亡的。

对于 Python 面向对象来说，只需要注意各种关系所对应的语法展示就可以了：

● 依赖：在 Python 中，类 A 方法的参数是另一个类 B，就叫 A 依赖于 B。
● 关联、聚合、组合关系：在 Python 中，如果 A 的属性中有类 B 的实例，那么它们
就是关联关系；如果 B 的实例只作为 A 的属性存在，那么 A 和 B 就是组合关系。

5.3　开始编程：自动打印字符图案

在本章的综合应用部分，将使用面向对象的思想来分析和实现一个小程序。这个程序可
以把数字打印成符号*所组成的图案。例如，数字 1234，可以打印成如下形式：

【本节代码参考：C05\numprint.py】

5.3.1　需求分析和设计

这个程序的要求很简单，就是将数字字符串的每一个字符在一个 9×9 的空间里用*来模
拟出数字的样子（和计算器中数字的样子一样）。例如，数字 9 的数字图案如下：

首先使用用例图（UML 中的一个概念）来描述本程序的功能。UML 为面向对象开发系
统的产品进行说明、可视化、编制文档的一种说明和绘图标准，就像盖一个建筑需要很多设
计图一样，从一开始建筑设计图、建筑力学设计图到电气管道设计等，软件开发也需要很多
种设计图。UML 为面向对象软件开发从开始到开发结束，一直到程序安装和部署，都提供了

一系列的方法和标准。

　　简单地说，用例就是使用程序每个功能的场景；用例图就是绘出程序每一个功能的使用场景，一般用来图示化系统的主事件流程，以描述客户的需求。图 5.11 画出了数字图案转换的功能（将输入的数字字符串打印成图案）。这个功能实际上可以分成 3 部分：数字字符串拆分，将每个数字字符转换成图案，将图案组合起来打印。

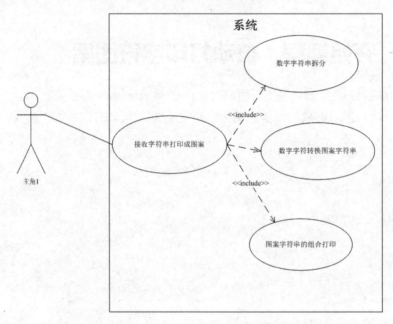

图 5.11　数字图案转换程序的用例图

　　有了上面的用例图，就可以以此为依据开始进行分析，一般在分析的时候都是逐个对用例图的用例做分析，最重要的是确认抽象成几个类和这些类之间的关系。图 5.11 是一个总用例，由 3 个功能模块组成：

- 　数字字符串拆分。
- 　将每个数字字符转换成图案。
- 　将图案组合起来打印。

　　在这 3 个功能中，数字字符串拆分和将图案组合起来打印较为简单，而且是面向使用者的，所以可以合并在一起用一个类来处理。该类的主要作用是接受输入的数字字符，拆分成一个个字符，然后提交给其他模块转换成图案，再将图案组合成字符串打印，所以可以抽象为图 5.12。

图案打印类
-需转换的数字字符串
+接受需要处理的字符()
+提交图案转换()
+组合成打印图案()

图 5.12　图案打印类

麻烦的是要对每个数字字符进行图案转换，要用*表示 9×9 的空间，模拟一个数字的图案。首先要模拟一个 9×9 的空间，可以使用列表来模拟。在列表里面放 9 个小列表，每个列表又放 9 个元素，这样可以使用 list[i][j]来表示 9×9 空间的第 i 行第 j 个元素。将这个列表需要打印*的元素都标志出来以后，就可以将这个列表以它里面的一个小列表为一行，以它的每个元素为字符打印出来，得到整个图案。图 5.13 说明了这了列表的样子。

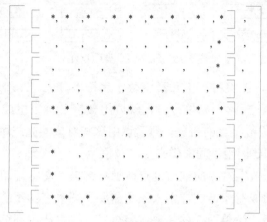

图 5.13　图案转换的列表样例

有了图 5.13 的列表以后，就可以一一遍历列表的元素得到一个数字的图案，阿拉伯数字有 10 个，每个数字都需要一个这样的列表，每个列表都需要按照数字的样子去列表中填写*，所以这部分代码可以共用，抽象成父类，每个数字再设置一个类从这个类继承，这样每个数字就都有了这个列表和添加*的方法，类图如图 5.14 所示。

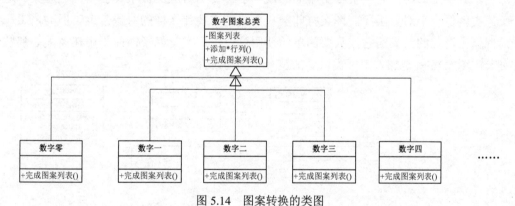

图 5.14　图案转换的类图

在图 5.14 中，抽象一个数字图案总类。该类拥有一个图案列表属性和添加*到行列以及完成图案列表的方法，这样各数字子类就都可以完成各自图案列表的填写工作了，而图案打印类只需要调用数字图案总类完成图案列表的方法，它们之间是依赖关系，所以整个类图的设计如图 5.15 所示。

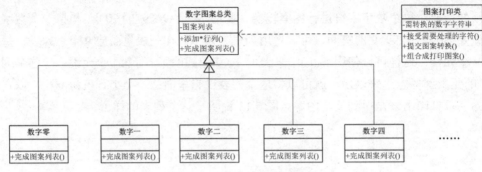

图 5.15　程序整个类图设计

图 5.15 的类设计中，图案打印类负责将数字字符串分成一个个字符。比如数字字符串 1234，就将它分成 1、2、3、4。如果是 1，就调用数字一类去生成数字一的对象，如果是 2，就调用数字二类去生成数字二的对象，然后调用这些对象的完成图案列表方法来获得图案列表。每个不同的数字都要调用不同的类来生成对象。

在这种设计中，各个数字对象的细节没有被隐藏起来，图案打印类还需要根据字符串的不同去调用不同的类来生成对象，这样别人还是需要了解数字图案的细节才能使用。什么叫面向对象模型才是好模型，简单地说就是要包装得好，要封闭内部细节。就像电视机一样，不需要懂无线波和显像管，只要一按下开关就能看到电视。如果看电视，需要我们先把电路板和显像管接起来，再用变压器和显像管去接，这样恐怕谁也受不了。

面向对象也是如此，追求的是经过包装后不需要去关心细节就可以使用的类，发一个数字字符给它，就应该直接提供一个对应的图案列表，而不是还要关心它有几个子类。所以可以再加一个数字工厂类，它负责根据不同的数字字符使用对应的数字类去实例化对象，这样这个工厂类就像一个对象工厂，图案打印类只需要把需要什么样的对象告诉工厂类，工厂类就会返回一个对应的对象给它，只要简单地使用这个工厂类就好了，而不用在去关心那些子类的细节。图 5.16 就是加入工厂类以后的整个类图的设计。

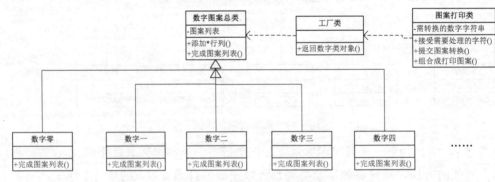

图 5.16　改进以后的类的设计

图 5.16 是改进之后的设计。工厂类的作用就是根据要求返回对应的数字对象，就像电视机的外壳和开关一样，它隐藏了内部实现的细节，现在只需要简单地调用工厂类就可以了。

5.3.2 程序开发

图 5.16 完成了程序类的设计，下面就要根据这个设计开始编写代码了。这个程序一共有 13 个类，其中 10 个是数字类，继承于数字图案总类，工厂类负责根据数字串生成数字类对象，而图案打印类负责接受输入，然后组合输出的数字类表进行打印。

数字图案总类是一个父类，拥有一个图案列表属性、两个方法，类图如图 5.17 所示。

图 5.17　数字图案总类

根据图 5.17 的类图，按照 Python 定义类的方法，可以实现如下代码：

```python
class numpic(object):
    def __init__(self):
        self.pic_list=[[' ' for i in range(9)] for x in range(9)]

    def setpos(self,i,j):
        self.pic_list[i][j]='*'

    def draw(self):
        return self.pic_list
```

类 numpic 的 pic_list 用来存放数字图案信息，setpos()用来把第 i 行第 j 个字符设置为*字符，不过虽然每个数字的形状不一样，但是仍然有很大的规律，那就是都是由横行或者竖行组成的，数列存在半列的情况（例如数字 5），对于这些共性的功能应该放到父类实现，所以类 numpic 新设计的类图应该如图 5.18 所示。

图 5.18　改进以后的数字图案总类

根据图 5.18 的新设计，类 numpic 的代码可以修改为例子 5.6。

例子 5.6　数字图案总类修改

```
01  class numpic(object):
02     def __init__(self):
03         self.pic_list=[[' ' for i in range(9)] for x in range(9)]
04
05     def setpos(self,i,j):
```

```
06            self.pic_list[i][j]='*'
07
08        def draw(self):
09            return self.pic_list
10
11        def drawline(self,line):
12            for step in range(9):
13                self.setpos(line,step)
14
15        def drawrow(self,row,row_type):
16            if row_type==0:
17                for step in range(9):
18                    self.setpos(step,row)
19            elif row_type==1:
20                for step in range(5):
21                    self.setpos(step,row)
22            else:
23                for step in range(4,9):
24                    self.setpos(step,row)
```

例子 5.6 是根据图 5.18 的设计而得，drawline()用来画横线，drawrow()用来画竖线，并且加上了上半列和下半列的区分，有了父类提供的完备方法，子类的实现就很简单了，只需要在父类的基础上重载 draw()方法，用横线和竖线画出数字就可以了。例子 5.7 就是数字子类的实现。

例子 5.7　数字子类的实现

```
01  class onepic(numpic):
02      def draw(self):
03          self.drawrow(8,0)
04          return self.pic_list
05
06  class zeropic(numpic):
07      def draw(self):
08          self.drawline(0)
09          self.drawrow(0,0)
10          self.drawline(8)
11          self.drawrow(8,0)
12          return self.pic_list
13
14
15  class twopic(numpic):
16      def draw(self):
17          self.drawline(0)
```

```
18          self.drawrow(8,1)
19          self.drawline(4)
20          self.drawrow(0,2)
21          self.drawline(8)
22          return self.pic_list
23
24  class threepic(numpic):
25      def draw(self):
26          self.drawline(0)
27          self.drawrow(8,0)
28          self.drawline(4)
29          self.drawline(8)
30          return self.pic_list
31
32  class fourpic(numpic):
33      def draw(self):
34          self.drawrow(0,1)
35          self.drawline(4)
36          self.drawrow(8,0)
37          return self.pic_list
38
39  class fivepic(numpic):
40      def draw(self):
41          self.drawline(0)
42          self.drawrow(0,1)
43          self.drawline(4)
44          self.drawrow(8,2)
45          self.drawline(8)
46          return self.pic_list
47
48  class sixpic(numpic):
49      def draw(self):
50          self.drawline(0)
51          self.drawrow(0,0)
52          self.drawline(4)
53          self.drawrow(8,2)
54          self.drawline(8)
55          return self.pic_list
56
57  class severnpic(numpic):
58      def draw(self):
59          self.drawline(0)
60          self.drawrow(8,0)
```

```
61          return self.pic_list
62
63  class eightpic(numpic):
64      def draw(self):
65          self.drawline(0)
66          self.drawrow(0,0)
67          self.drawrow(8,0)
68          self.drawline(4)
69          self.drawline(8)
70          return self.pic_list
71
72  class ninepic(numpic):
73      def draw(self):
74          self.drawline(0)
75          self.drawrow(0,1)
76          self.drawrow(8,0)
77          self.drawline(4)
78          return self.pic_list
```

例子 5.7 实现了 10 个阿拉伯数字的数字子类，通过调用继承而来的 drawline()（画横线）和 drawrow()（画竖线）来把图案信息写到图案列表中。

顾名思义，工厂类就是生产对象的工厂，负责接收传进来的数字字符串，生成对象的对象返回。

例子 5.8　工厂类的实现

```
01  >>> class numfact(object):
02  ...     def factory(self,which):
03  ...         if int(which)==0:
04  ...             return zeropic()
05  ...         elif int(which)==1:
06  ...             return onepic()
07  ...         elif int(which)==2:
08  ...             return twopic()
09  ...         elif int(which)==3:
10  ...             return threepic()
11  ...         elif int(which)==4:
12  ...             return fourpic()
13  ...         elif int(which)==5:
14  ...             return fivepic()
15  ...         elif int(which)==6:
16  ...             return sixpic()
17  ...         elif int(which)==7:
18  ...             return severnpic()
```

```
19  ...        elif int(which)==8:
20  ...            return eightpic()
21  ...        elif int(which)==9:
22  ...            return ninepic()
```

例子 5.8 是工厂类的实现。从中可以看到，工厂类实际上是一个包装器，包装了十个子类的使用，对外部来说，这十个子类的使用都是一样的，都是调用 factory()方法。这就是面向对象所指的封装性，这种设计实际上是设计模式中的 Simple Factory 模式。

说明
所谓设计模式，是指一套被反复使用、多数人知晓的、经过分类编目的、代码设计经验的总结，简单地说就是"套路"。《设计模式——可复用面向对象软件的基础》一书中提出了 23 种常用的设计模式，Simple Factor 模式是其中一种。

有了工厂类，就可以按照自己的要求打印图案列表了。现在图案打印类只要负责组合打印图案就可以了。图案打印类的设计如图 5.19 所示。

图案打印类
-需转换的数字字符串
+接受需要处理的字符()
+提交图案转换()
+组合成打印图案()

图 5.19　图案打印类设计

在图 5.19 中，图案打印类有 3 个操作方法，不过现在通过工厂类获得数字字符的图案是很简单的操作，所以提交图案转换可以和组合成打印图案这两个方法合并在一起。该类实现的难点是如何将每个数字字符得到的图案列表组合起来，代码实现如例子 5.9 所示。

例子 5.9　图案打印类实现

```
01  class picprint(object):
02    def __init__(self):
03      self.list_total=[[] for x in range(9)]
04
05    def getprintstr(self,string):
06      self.num_str=string
07
08    def __unionpic(self,prc_list):
09      for step in range(9):
10        self.list_total[step]+=[' ',' ']+prc_list[step]
11
12    def printstr(self):
13      num_fact=numfact()
14      for eve_char in self.num_str:
15        num_obj=num_fact.factory(eve_char)
```

```
16              self.__unionpic(num_obj.draw())
17          print_str=''
18          for  sub_list in self.list_total:
19            for every_char in sub_list:
20                print_str+=every_char
21            print_str+='\n'
22      print(print_str)
```

在 picprint 类中，第 8~10 行增加了一个类方法 __unionpic（只提供给类内部调用，所以前面加了两个下划线），作用是将各个数字的图案列表拼接起来，原理是把图案列表里面每一行的列表累加到自己的列表 list_total 中。图 5.20 说明了这个累加的过程。

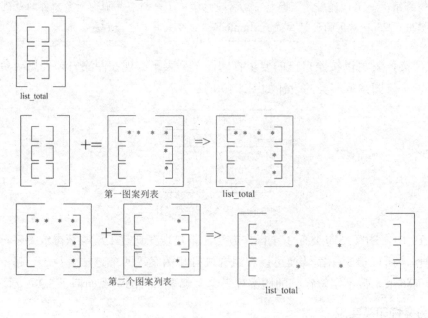

图 5.20　图案列表累加的过程

picprint 类的列表 list_total 一开始为空，对数字字符串的每个字符使用工厂类来得到图案列表以后，图案列表就会不停地加到 list_total 中，一直到数字字符串最后一个字符。

list_total 累加了所有数字字符的图案列表以后，按顺序把每个元素打印出来，整个程序功能就完成了。

5.3.3　程序入口

在 5.3.2 节已经实现了所有的类，接下来编写程序入口部分，程序就算完工了。程序入口主要要读取命令行参数，并传送给图案打印类，命令行参数可以使用第 3 章所介绍的 optparse 模块，下面是程序入口的代码：

```
if __name__=="__main__":
```

```
    parser = optparse.OptionParser()
    parser.add_option("-n","--
number",action="store",type="string",dest="num")
    (options, args) = parser.parse_args()
    print_str=picprint()
    print_str.getprintstr(options.num)
    print_str.printstr()
```

注 意

　　记得在程序开始处引入 optparse 模块：import optparse。

　　程序入口的代码很简单，只是从命令行参数接收要打印图案的字符串，传给 print_str()（图案管理类的对象），然后使用 printstr() 打印。

　　在 Windows 的 cmd 窗口或 Linux 的 shell 窗口执行如下命令：

```
numprint.py -n 98761
```

　　图 5.21 是程序运行效果图。

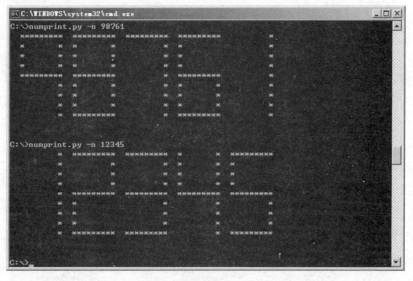

图 5.21　数字图案打印程序效果

5.4　本章小结

　　本章学习了 Python 的面向对象编程。使用面向对象模式来编写程序时，最重要的一点就是确认抽象出类的模型和类之间的关系，之后就可以使用 Python 的语法来实现了。在使用 Python 定义类的时候，类的每个属性和方法都必须带有 self 关键字，这一点有别于其他语言，需要特别注意。

学习完本章以后，需要考虑下面几个问题：

（1）继承和实例化的区别。

（2）类和类之间不同的 5 种关系，在 Python 中如何用语法实现？

（3）在 5.3 节实现了一个将数字打印成*拼成的图案样式，现在需要增加对英文字符、笑脸、心形的支持，该如何实现？

第 6 章

◀ 异常捕获和抛出 ▶

前面章节的应用案例都是假设在一个完美的、不会出错的虚拟世界中编程，在这个奇妙的地方不会发生任何错误，每个程序库调用都很成功，用户从来不会输入不准确的数据，例如第 5 章的那个打印数字图案的程序，都是假定用户输入的肯定是准确的数字字符串，那么现在该回到现实世界了。

在现实世界上，错误时常发生，用户不会总是输入正确，程序库不会总是正确地调用，好的程序会预见错误的发生，然后优雅地处理这些错误。实际上，处理起来并不是这么简单。比如，试图去打开一个不存在的文件，有时会发生致命的错误，文件处理模块遇到这种问题该如何处理？传统的做法是使用返回码。open()方法在失败时返回一个特定值，然后这个值会沿着调用它的层次往回传，直到有对象或者函数处理它。这种做法的问题是，管理这些错误码是一件痛苦的事情，如果首先调用 read()，然后调用 open()，最后调用 close()方法，每种方法都会返回错误标识，那么当这些方法都返回错误标识给调用者时该如何区分这些错误码呢？异常类就是用来解决这个问题的。异常类把错误消息打包到一个对象，然后该对象会自动查找到调用栈，直到运行系统找到明确声明如何处理这些类异常的位置。

本章的主要内容是：

- 看懂异常信息。
- 捕获异常信息。
- 多个异常信息的处理。
- 自定义的异常信息。

6.1 异常处理

Python 语言中使用异常类来管理异常信息。当发生一个异常的时候，程序会抛出一个异常信息，自动根据代码的层次查找异常处理信息。如果找不到异常处理的地方，Python 会使用 traceback 来显示出现异常（Exception）时代码执行栈的情况。

6.1.1 Traceback 异常信息

当代码发生异常而没有指定异常处理方法时，Traceback 用来打印发生异常时代码执行栈的情况。下面先看一个完整的 Traceback 显示的例子。

例子 6.1　Traceback 异常信息的例子

```
01    >>> def calcnum(li,divnum):
02    ...      """用 divnum 除以 li 列表里的每一个数"""
03    ...      new_list=[divnum/one for one in li]
04    ...      return new_list
05    >>> def test():
06    ...      calcnum([4,5,6,8,0,2],3)
07    >>> def test2():
08    ...      test()
09    >>> test2()
10    Traceback (most recent call last):
11     File "<stdio>", line 1, in <module>
12     File "<stdio>", line 2, in test2
13     File "<stdio>", line 2, in test
14     File "<stdio>", line 3, in calcnum
15    ZeroDivisionError: integer division or modulo by zero
```

例子 6.1 是一个函数 calcnum()，作用是用一个数字除以一个列表的所有元素，并将生成的元素放到一个列表中返回，当列表中存在数字 0 的时候，异常就发生了，然后自动调用 Traceback 来显示整个异常的发生和调用的信息。

从代码返回结果可以看出，Python 默认显示的 Traceback 由 3 部分组成：信息头、出错位置和异常信息。

- 信息头

信息头就是第 10 行 Traceback (most recent call last)信息，用来提醒使用者这是 Traceback 信息。

- 出错位置

Traceback 显示了出错的位置，显示的顺序和异常信息对象传播的方向是相反的，发生异常信息的位置是最下面的位置，从下往上分别是异常信息对象的传播过程。在例子 6.1 中，异常对象发生在 calcnum()函数的第 3 行，而 test()函数调用了 calcnum()函数，所以当异常信息对象在 calcnum()中没有找到异常处理代码时，就传给上一级 test()函数中调用 calcnum()的位置，在 test()函数中仍然没有该异常处理的信息，只好继续传给调用 test()函数的 test2()函数，如果一直没有指定异常的处理信息，那么异常会一直传送到调用的顶级。

- 异常信息

异常信息在 Traceback 信息的最后一行。异常也有不同的类型，本例中的异常类别为零除错误（ZeroDivisionError）。

6.1.2　捕获异常

捕获异常可以使用 try…except 语法，具体如下：

```
try:
    statements 1
except A:
    statements 2
```

（1）首先运行 statements 1，如果 statements 1 没有异常，就如同没有 try…except 语句一样，直接运行之后的代码。

（2）如果 statements 1 发生了异常，就把异常类型和 except 语句后的类型相比较，结果一致就执行 statements 2。

例子 6.1 的异常可以使用下面的代码来捕获：

```
01    >>> def calcnum(li,divnum):
02    ...        """用 divnum 除以 li 列表里的每一个数"""
03    ...        try:
04    ...            new_list=[divnum/one for one in li]
05    ...        except ZeroDivisionError:
06    ...            print("列表中含有 0")
07    ...
08    >>> calcnum([4,5,6,8,0,2],3)
09    列表中含有 0
```

在上面的例子中，第 4 行代码是发生异常的地方，使用 try…except 语句，当第 4 行发生异常的时候，进入第 5 行，except 语句会把抛出的异常对象的类型和 except 后指明的类型相比较，如果是一致的，就执行 except 下的代码块。

捕获异常并不一定要在异常发生的地方捕获，只需要在异常对象传播的路径上捕获就可以了，就像捕获猎物在猎物经过的地方布置陷阱一样。例如，例子 6.1 的异常既可以在异常发生的地方捕获，也可以在 test()或 test2()函数中捕获。例子 6.2 在 test2()函数里面捕获 calcnum()中的异常。

例子 6.2　Python 捕获异常

```
>>> def calcnum(li,divnum):
...        """用 divnum 除以 li 列表里的每一个数"""
...        new_list=[divnum/one for one in li]
...        return new_list
...
>>> def test():
```

```
...        calcnum([4,5,6,8,0,2],3)
...
>>> def test2():
...     try:
...         test()
...     except ZeroDivisionError:
...         print("在 test2 中捕获了异常")
...
>>> test2()
在 test2 中捕获了异常
```

在例子 6.2 中，捕获异常没有放在发生异常的代码旁，而是放在了调用 test()函数旁，因为异常对象的传播方向是 calcnum→test→test2 这样一个过程，也就是一个由内而外的过程，在传播过程中的任一地方都可以捕获异常。

6.1.3　多重异常处理

上面的例子是处理一种异常的方法，如果在程序中存在多种异常，又该如何处理呢？可以使用下面的方法：

```
try :
... # statements 1
except (ExceptionType1,ExceptionType2) :
... # statements 2
except (ExceptionType3,ExceptionType4) :
... # statements 3
except:
... # statements 4
```

对于多重异常处理，既可以使用 except 带括号的方法，也可以使用多层次的 except 分开处理，如例子 6.3 所示。

例子 6.3　多重异常处理

```
01  >>> a=[]
02  >>> a[1]
03  Traceback (most recent call last):
04    File "<stdio>", line 1, in <module>
05  IndexError: list index out of range
06  >>> b=1/0
07  Traceback (most recent call last):
08    File "<stdio>", line 1, in <module>
09  ZeroDivisionError: integer division or modulo by zero
10  >>> c={}
11  >>> print(c[2])
```

```
12  Traceback (most recent call last):
13    File "<stdio>", line 1, in <module>
14  KeyError: 2
15  try:
16      a=[]
17      print(a[1])
18      b=1/0
19      c={}
20  except (IndexError,ZeroDivisionError,IndexError):
21      print("有错误发生了")
22
23  有错误发生了
24  try:
25      a=[]
26      print(a[1])
27      b=1/0
28      c={}
29  except IndexError:
30      print("访问了不存在的列表元素")
31  except ZeroDivisionError:
32      print("被除数为 0")
33  except KeyError:
34      print("访问了不存在的列表 key 值")
35
36  访问了不存在的列表元素
```

在例子 6.3 中，第 1~14 的代码分别是 3 种不同的异常情况：

- IndexError：列表元素不存在异常。在第 1~2 行中，a 是一个空列表，不存在 a[1]，所以抛出了这个异常。
- ZeroDivisionError：被除数为 0 异常。在第 6 行中，用 0 作为被除数。
- KeyError：Key 值不存在异常。在第 10~11 行中，c 是空字典，key 为 2 的值不存在。

对于上面 3 个异常，第 15~21 行与第 24~34 行采用了两种不同的办法：代码 15~21 行采用的是 except 后面带括号，括号里面含有多个异常的办法；代码 24~34 行则采用了多层次的 except 方法，一层一个异常，层层处理，当发生异常时，程序会拿异常类型和 except 后面的类型一一比较，直到找到相同的类型。

如果 except 后面什么类型都没带，就表示发生任何异常都按此处理，例如：

```
>>> try:
...     a=[]
...     print(a[1])
...     b=1/0
...     c={}
```

```
... except:
...     print("发生了错误")
...
发生了错误
```

在 except 语句后面，还可以接 else 和 finally 语句。

● except 后接 else 语句

except 语句后接 else 语法形式如下：

```
try :
... # statements 1
except ExceptionType1:
... # statements 2
else:
... #statements 3
```

else 语句的作用在于，如果 statements 1 发生异常，那么 else 下的 statements 3 则不会运行，只有 statements 3 没有异常，才会运行 else 下的 statements 3。

● except 后接 finally 语句

expect 语句后接 finally 语法形式如下：

```
try :
... # statements 1
except ExceptionType1:
... # statements 2
finally:
... #statements 3
```

finally 语句和 else 语句的差别在于，不管异常发生不发生，都会运行 finally 下的 statements 3，如果 try 下的 statements 1 发生了异常，而 except 语句并没有指定该异常类型，那么程序会先执行 finally 里的语句后再将异常对象向上层次开始传播，例如：

```
>>> try:
...     a=1/0
... except IndexError:
...     pass
... finally:
...     print("ok")
ok
Traceback (most recent call last):
  File "<stdio>", line 2, in <module>
ZeroDivisionError: integer division or modulo by zero
```

在上面的代码中，except 所指定的异常类型并非 a=1/0 所发生的异常类型，而是在先运行 finally 打印了 ok 之后才将异常信息对象按照栈的调用顺序往上传。

finally 和 else 语句可以合起来使用，如例子 6.4 所示。

例子 6.4　finally 和 else 的综合应用

```
>>> def divide(x, y):
...     try:
...         result = x / y
...     except ZeroDivisionError:
...         print("division by zero!")
...     else:
...         print("result is %f", result)
...     finally:
...         print("executing finally clause")
...
>>> divide(2, 1)
result is 2.0
executing finally clause
>>> divide(2, 0)
division by zero!
executing finally clause
>>> divide("2", "1")
executing finally clause
Traceback (most recent call last):
  File "<stdin>", line 1, in ?
  File "<stdin>", line 3, in divide
TypeError: unsupported operand type(s) for /: 'str' and 'str'
```

在例子 6.4 中，divide 是一个综合使用了 finally 和 else 的函数。当调用 divide(2,1)时，没有发生异常，所以 else 和 finally 下的语句都执行了一遍。当调用 divide(2,0)时，发生了 ZeroDivisionError 异常，else 下的语句不再执行，而 finally 下的语句仍然执行，最后调用 divide("2", "1")，发生了 TypeError 异常，但是这个异常并没有在 except 中指定，程序仍然会先执行 finally 后的语句再按照运行栈的顺序抛出异常。

6.1.4　异常的参数

捕获异常的语句不只是可以对发生异常的类型进行比较判断，还可以获得异常的信息参数，语法如下：

```
try :
... # statements 1
except (ExceptionType) as Argument:
... # statements 2
```

该用法和前面小节的用法不同的地方是 except 后的语句不一样，ExceptionType 表示是异常的类型，而 Argument 是 ExceptionType 的信息参数（一般用 e 代替），例如：

```
>>> try:
...     a=[]
...     print(a[1])
... (IndexError)as e:
...     print(e)
...
list index out of rang
```

6.1.5　内置异常类型

在前面提到了好几种不同的异常信息类型，实际上 Python 内置了几十种不同的异常类型，这些异常类型都是 Python 内部定义的类。例子 6.5 是将 Python 的每一个异常信息的名字和类层次关系打印出来，+号表示该类是上一层类的子类。

例子 6.5　Python 内置异常类结构

```
BaseException
 +-- SystemExit
 +-- KeyboardInterrupt
 +-- Exception
    +-- GeneratorExit
    +-- StopIteration
    +-- StandardError
    |   +-- ArithmeticError
    |   |   +-- FloatingPointError
    |   |   +-- OverflowError
    |   |   +-- ZeroDivisionError
    |   +-- AssertionError
    |   +-- AttributeError
    |   +-- EnvironmentError
    |   |   +-- IOError
    |   |   +-- OSError
    |   |       +-- WindowsError (Windows)
    |   |       +-- VMSError (VMS)
    |   +-- EOFError
    |   +-- ImportError
    |   +-- LookupError
    |   |   +-- IndexError
    |   |   +-- KeyError
    |   +-- MemoryError
    |   +-- NameError
    |   |   +-- UnboundLocalError
```

```
    |       +--  ReferenceError
    |       +--  RuntimeError
    |       |       +--  NotImplementedError
    |       +--  SyntaxError
    |       |       +--  IndentationError
    |       |               +--  TabError
    |       +--  SystemError
    |       +--  TypeError
    |       +--  ValueError
    |       |       +--  UnicodeError
    |       |               +--  UnicodeDecodeError
    |       |               +--  UnicodeEncodeError
    |       |               +--  UnicodeTranslateError
    +--  Warning
            +--  DeprecationWarning
            +--  PendingDeprecationWarning
            +--  RuntimeWarning
            +--  SyntaxWarning
            +--  UserWarning
            +--  FutureWarning
    +--  ImportWarning
    +--  UnicodeWarning
```

从例子 6.5 可以看出，所有的异常都是从 BaseException 继承而来的，常用的内部异常都继承于 Exception，当自定义异常类的时候，一般也要求从 Exception 继承而来。

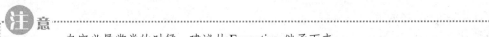

> 自定义异常类的时候，建议从 Exception 继承而来。

Exception 类之下有 30 多种不同的异常信息，常见的异常类型主要有：

（1）LookupError 下的 IndexError 和 KeyError

这两个异常主要用在访问不存在的列表元素时抛出 IndexError 异常、访问字典不存在的 Key 值时抛出 KeyError。

（2）IOError

当程序尝试写一个不存在的文件或者其他 IO 错误的时候，Python 会抛出 IOError。

（3）NameError

当尝试访问一个不存在的变量名称时，程序会抛出 NameError 错误，例如：

```
>>> print(bb)
Traceback (most recent call last):
  File "<stdin>", line 1, in <module>
NameError: name 'bb' is not defined
```

（4）TypeError

一个类型使用一个所不支持的操作时就会抛出此类型。例如，对字符串做除法操作，就会抛出该异常类型：

```
>>> cc='123'/'246'
Traceback (most recent call last):
  File "<stdin>", line 1, in <module>
TypeError: unsupported operand type(s) for /: 'str' and 'str'
>>>
```

（5）AttributeError

当访问一个对象不存在的属性时，就会抛出 AttributeError 异常：

```
>>> class Test:
...     a=1
...
>>> aa=Test()
>>> print(aa.a)
1
>>> print(aa.b)
Traceback (most recent call last):
  File "<stdin>", line 1, in <module>
AttributeError: Test instance has no attribute 'b'
```

在上面的例子中，对象 aa 是类 Test 的实例化，aa 有属性 a、没有属性 b，所以在打印 aa.b 的时候就抛出了 AttributeError 异常。

（6）ZeroDivisionError

当被除数是 0 的时候，抛出 ZeroDivisionError 异常。

上面只列举了一些常用的异常类型，当遇到不常用的异常时可以使用 help 方法来获得异常信息的帮助。

6.1.6 抛出异常

在 Python 中，可以使用 raise 语句来抛出异常。raise 的语法如下：

```
raise_stmt ::= "raise" [expression ["," expression ["," expression]]]
```

（1）语句 raise 后面可以接 1~3 个表达式。

① 第 1 个和第 2 个分别用来表示类型和值。如果第 1 个 expression 给的是类的实例化，那么它实际上已经包含了类型和值的信息，所以第 2 个 expression 必须要填写成 None。如果第 1 个表达式给的是类，那么可以用第 2 个 expression 来定义异常的值。例如，将第 2 个 expression 填成第 1 个 expression 类的实例化对象，那么使用 except 语句捕获的就是该对象；如果第 2 个 expression 给的是一个 tuple，那么这个 tuple 会作为参数传给第 1 个 expression 类

的初始化函数去实例化异常对象，而 tuple 为空或者 expression 为 None 时初始化参数也为空。

② 一般第 3 个 expression 不填写，如果填写，就必须是一个 traceback 对象。

（2）常用抛出异常实际上有 3 种常用方法。

① raise 后接实例化对象。

一个实例化对象就可以具体说明实例化的类型和值，所以后面不需要再接 expression，例如：

```
>>> raise NameError("aa")
Traceback (most recent call last):
  File "<stdin>", line 1, in <module>
NameError: aa
```

在上面的例子中，NameError("aa")得到的是一个 NameError 的实例化对象，Traceback 捕获了这个异常对象并得到了它的值 aa。

② raise 后接异常类名。

这样抛出异常时，只能说明是什么异常，实例化对象的时候会使用空参数去创建实例化对象，例如：

```
>>> raise NameError
Traceback (most recent call last):
  File "<stdin>", line 1, in <module>
NameError
```

在上面的例子中，只指定了类型，Python 会使用空参数去实例化对象。上面的代码实际上等同于下面的代码：

```
>>> raise NameError()
Traceback (most recent call last):
  File "<stdin>", line 1, in <module>
NameError
```

③ raise 后接异常类和类的初始化参数。

这样抛出的异常对象实际上是用指定初始化参数来实例化的对象，例如：

```
>>> raise NameError("aa")
Traceback (most recent call last):
  File "<pyshell#62>", line 1, in <module>
    raise NameError("aa")
NameError: aa
```

6.1.7 自定义异常类型

虽然语法上没有强制要求自定义的类型要继承于 Python 内置的 Exception，但是为了程序的健壮性，一般都会声明自己定义的异常从 Exception 继承而来。例如：

```
>>> class MyError(Exception):
...     def __init__(self, value):
...         self.value = value
...     def __str__(self):
...         return repr(self.value)
```

上面定义了 MyError 类（从 Exception 继承而来），重载了初始化函数__init__，将初始化函数的参数传给类属性 value。Exception 初始化函数是将参数传给 args 属性的。MyError 可以使用下面的代码来抛出该异常，这是直接用 MyError 的实例化对象的方法：

```
>>> try:
...     raise MyError(2*2)
... except (MyError) as e:
...     print('My exception occurred, value:', e.value)
```

自定义异常类的时候，一般功能只提供了一些属性来保存异常信息，以保证异常类型的代码简洁单一。对于一个规模较大的程序，为了保证程序的稳健性和耐劳性，要尽可能考虑到程序各种各样的异常，为了处理这些不同的异常，可以参考 Python 内置的异常类型结构。例如，定义一个总异常类，然后具体的每种异常继承自该类。一个计算机程序将内部错误分成用户输入错误和内部逻辑错误两部分，就可以定义一个总的异常基类，让输入错误和内部逻辑错误作为子类继承自该基类。例子 6.6 是该结构实现的例子。

例子 6.6　构造程序异常类型处理结构

```
>>> class BusiError(Exception):
...     """程序异常错误信息总类"""
...     pass
>>> class UserInputError(BusiError):
...     """用户输入信息错误，id 是窗口或者输入框的编号，value 是用户输入的信息，reason
是原因"""
...     def __init__(self,id,value,reason):
...         self.id=id
...         self.value=value
...         self.reason=reason
...
>>> class InnerdealError(BusiError):
...     """内部逻辑错误，class_type 是发生模块类型，class_name 是发生模块的名字，
line 是模块的行数"""
...     def __init__(self,class_type,class_name,line):
...         self.class_type=class_type
```

```
...         self.class_name=class_name
...         self.line=line
```

例子 6.6 实现了一个基类和两个子类。UserInputError 是 BusiError 的子类，用来记录用户输入信息错误时的窗口或者输入框编号，以及输入的信息、错误产生的原因。InnerdealError 用来记录内部处理的异常错误信息，包括异常发生的模块类型、名字和发生的行数等。基类看起来并没有多少功能代码，不过如果系统发生了异常，但是又不清楚异常具体是什么类型，那么基类的作用就体现出来了。下面的代码就体现了基类的作用：

```
>>> try:
...     statement1
... except (BusiError) as obj_e:
...     if type(obj_e).__name__=="UserInputError":
...         statement2
...     elif type(obj_e).__name__=="InnerdealError":
...         statement3
...
```

在上面的代码中，当不知道 statement1 产生的具体异常时，可以使用 BusiError 基类来捕获异常对象，根据对象类型的名字（使用 type 来获得对象的类型，使用类的__name__ 来获得类型的名字）就可以知道具体是什么异常了，这也就是面向对象多态性的好处。

6.2　开始编程：计算机猜数

6.1 节讨论了在 Python 中如何处理异常，本节将通过开发一个计算机的猜数程序实践一下 Python 异常处理的应用。

【本节代码参考：C06\bbc.py】

6.2.1　计算机猜数程序

所谓计算机猜数程序，就是先确定一个四位数（四个数字不能为重复数字和 0），再让计算机猜这个四位数是多少。每次计算机打出一个四位数后，首先确定这四位数字中有几位猜对了，并且在对的数字中又有几位位置也是对的，将结果输入到计算机中，给计算机以提示，让计算机再猜，直到计算机猜出四位数是多少为止。整个猜数过程如图 6.1 所示。

图 6.1　计算机猜数程序示例图

6.2.2　需求分析

解决这类问题时，计算机的思考过程不可能像人一样具有完备的推理能力，关键在于要将推理和判断的过程变成一种机械的过程，找出相应的规则，否则计算机难以完成推理工作。

基于对问题的分析和理解，将问题简化，首先每一次提示信息都包括两方面的信息：数字组成信息和数字位置信息。计算机每次试探不过是根据提示信息来缩小可能的组合，所以计算机猜数的步骤可以总结如下：

（1）按照要求先创建一个符合要求的数字列表（possibleList），实际上符合四个数字不能为重复数字和 0 的数字并不多，总共才 4536 个。

（2）计算机从符合要求的数字列表（possibleList）中获取一个随机 4 位数randomNum。输出 randomNum，让用户把预设数与 randomNum 做比较，得到 randomNum 有多少个数字与预设数相同（hasNum）、有多少个数字不但相同而且位置也正确（posNum）。

（3）将可能数字列表（possibleList）中所有数字取出来与 randomNum 相比较，保留与randomNum 有相同数字个数（hasNum）的数字，去除不符合条件的数字，第一次缩小了possibleList 的范围。此时用户预设的数字必定在新的 possibleList 列表中。

（4）看用户输入的与预设数有相同位置的个数（posNum），把新的 possibleList 列表中所有的数字都取出来与 randomNum 相比较。将位置相同个数与 posNum 相同的数字保存到新的 possibleList 中。第二次缩小了 possibleList 的范围。

（5）重复步骤（2）～（4），直到 possibleList 的长度为 1，或者随机数 randomNum 正好选取到预设数为止。

图 6.2 就是根据上面的算法来绘制的流程图。从中可以看出，该程序实现的难点在于如何根据用户输入的提示信息来得到一个所有可能性的集合，实际上计算机要做的就是根据所给的提示信息缩小可能性的组合，一直缩小到只有一个的时候找到正确的数字。

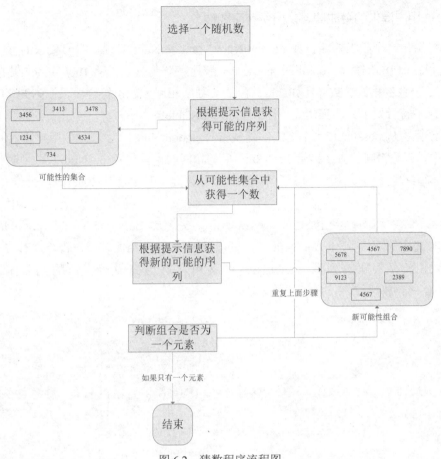

图 6.2　猜数程序流程图

6.2.3　算法分析

从需求分析上可以看出，如何根据用户给出的提示信息获得一个所有可能性的集合是实现这个程序的难点。

例如，计算机给出一个数字 1234，用户给出提示 2 和 1，表示有 2 个数字在 1234 中，但是只有一个数字的位置是正确的。在这种情况下，计算机如何去获得所有满足这个条件的集合呢？

用户给的提示信息实际上包括以下两部分：

（1）有 2 个数字是在 1234 中。这说明用户的数字是 1234 中任意 2 个数字的组合，但是不包括 1234 这四个数字的组合，有并且只有 2 个数字在 1234 中。

（2）只有 1 个数字位置正确。这说明其他 3 个数值位置都不正确，所以需要从上面的组合中再缩小范围，只保留有一个并且只有一个数字的位置信息和 1234 是相同的。

对于上面的两个部分，下面分开讨论如何实现。

1. 根据用户提供的组成信息找出所有可能性

计算机给出一个随机的四位数 randomNum（randomNum 必须在符合要求的 4536 个数字列表 possibleList 中选择）。possibleList 这个列表比较容易得到，从 1000 到 9999 中去除掉所有至少有 2 个数字相同的数（比如 1123 有 2 个数字相同，就不符合要求；9999 有 4 个数字相同，同样不符合要求）。使用 set 很容易得到 possibleList。

假设计算机从 possibleList 中选出的随机数（randomNum）为 1234，用户输入的提示为 2 和 1（其中，2 是相同的数字提示 hasNum，1 是相同的位置提示 posNum），说明 1234 中有 2 个数字与用户随机数是相同的，至于是哪 2 个数则不确定，其中还有 1 个位置也是正确的。

通过第一次的相同数字过滤缩小 possibleList。先遍历 possibleList，将 possibleList 中所有的数字与选出的随机数 randomNum（这里假设为 1234）相比较；再将与之有 2 个相同数字的数取出来存入新的列表（subList）中备用。遍历完成后将新的列表重新命名为 possibleList，缩小嫌疑数字的列表。代码如下：

```
01   >>> def reduceByHasNum(possibleList, hasNum, randomNum):
02   ...     subList = []
03   ...     for possibleNum in possibleList:
04   ...         randomNumList = list(str(randomNum))
05   ...         possibleNumList = list(str(possibleNum))
06   ...         if len(set(randomNumList + possibleNumList)) == 8-hasNum:
07   ...             subList.append(possibleNum)
08   ...     possibleList = subList[:]
09   ...     return possibleList
```

2. 根据用户提供的位置信息找出所有可能性

根据相同位置数（posNum）来找出所有嫌疑数字，将其存入列表。遍历缩小后新的 possibleList，将所有的数字与之前选出的随机数 randomNum 相比较。相同位置数等于 posNum 的取出来，存入新的列表（subList）中备用。遍历完成后将新的列表重新命名为 possibleList，缩小嫌疑数字的列表。代码如下：

```
01     >>> def reduceByLocation(possibleList, posNum, randomNum):
02     ...     subList = []
03     ...     for possibleNum in possibleList:
04     ...         randomNumList = list(str(randomNum))
05     ...         possibleNumList = list(str(possibleNum))
06     ...         samePostion = 0
07     ...         for i in range(4):
08     ...             if randomNumList[i] == possibleNumList[i]:
09     ...                 samePostion += 1
10     ...         if samePostion == posNum:
```

```
11    ...        subList.append(possibleNum)
12    ...        possibleList = subList[:]
13    ...        return possibleList
```

关键是第 7~9 行的代码，用来比较数字和位置是否一致，将数字的 4 个数字一位一位地进行比较，如果有一致的就累加一。最后在第 10 行将得到的数字和位置都正确的数目和用户提示的数目进行比较，如果一致，说明比较的这个数字是嫌疑数字之一。

6.2.4　编程实现

前面分析了需求和算法，本小节将着手实现。该应用主要是人和计算机交互，实际就是让计算机根据人的提示每次打印出一个新的数，然后人继续给新的提示，直到计算机确认到数字为止。这样可以把这个计算机抽象成一个类 TComputer，作用就是接受用户的提示，然后根据提示打印数。该类的设计图如图 6.3 所示。

图 6.3　Tcomputer 的类设计

实际上计算机每次打印新猜的数都是要根据用户提示信息进行一番运算的，要根据用户提供的数字组成和位置信息来缩小可能性的组合，所以该类的设计应该加上 6.2.3 小节的两个算法，并且要添加一个列表属性，用来存放可能性的集合。图 6.4 是增加了属性和方法以后的类设计图。

TComputer
-可能性集合列表
+接受用户输入()
+打印猜的新数()
-根据数字组成信息缩小范围()
-根据数字位置信息缩小范围()

图 6.4　Tcomputer 的改进设计

根据上面 Tcomputer 的设计，可以使用 Python 实现该功能。例子 6.7 就是实现了 Tcomputer 的代码。

例子 6.7　Tcomputer 的实现

```python
import random
class TComputer(object):
    def __init__(self):
        self.possibleList = []
        for num in range(1000, 10000):
            if len(set(list(str(num)))) == 4:
            #先用 list(str(num)) 将数字转换成一个列表，然后用 set 去掉重复的数字。
```

```
                self.possibleList.append(num)
                self.randomNum = random.choice(self.possibleList)
                #随机从列表中选一个数作为比较数字


        def reduceByLocation(self):
            '''根据用户输入的位置正确的数 self.posNum，把不符合条件的数字从 possibleList 中
排除出去 '''
            subList = []
            for possibleNum in self.possibleList:
                randomNumList = list(str(self.randomNum))
                possibleNumList = list(str(possibleNum))
                samePostion = 0
                for i in range(4):
                    if randomNumList[i] == possibleNumList[i]:
                        samePostion += 1
                if samePostion == self.posNum:
                    subList.append(possibleNum)
            self.possibleList = subList[:]


        def reduceByHasNum(self):
            '''根据用户输入猜测正确的数字的个数 self.hasNum，把不符合条件的数字从
posibleList 中排除出去 '''
            subList = []
            for possibleNum in self.possibleList:
                randomNumList = list(str(self.randomNum))
                possibleNumList = list(str(possibleNum))
                if len(set(randomNumList) & set(possibleNumList)) == self.hasNum:
                    subList.append(possibleNum)
            self.possibleList = subList[:]


    def getUserInput(self, hasNum, posNum):
        self.hasNum = hasNum
        self.posNum = posNum
        self.reduceList()


    def reduceList(self):
        self.reduceByHasNum()
        self.reduceByLocation()
        self.randomNum = random.choice(self.possibleList)
```

> **提示**
>
> 使用 ramdom()时，必须在代码开始处引入 import random。

例子 6.7 实现了 Tcomputer 的代码，上面实现的 reduceByLocation()和 reduceByHasNum()

实际上是 6.2.3 小节中算法分析的两个函数，新添加的内容主要是初始化方法和 getUserInput()、reduceList()方法。

（1）初始化方法（构造函数__init__()）

初始化方法主要是生成一个所有的有可能的数的列表 possibleList。这个列表首先排除了位数上有相同数的四位数，并且给出了初始的随机数 randomNum。

（2）getUserInput()方法

这个方法的作用比较简单，只是从用户那里接受提示信息。

（3）reduceList()方法

这是 Tcomputer 的关键方法，作用是根据用户的提示信息调用 reduceByhasNum()函数和 reduceByLocation()函数，以缩小嫌疑数字列表 possibleList，然后返回一个新的 randomNum，用于下一次的比较。

在实现了 Tcomputer 以后，下面只需要写下和用户的交互就可以了：

```
01   if __name__=='__main__':
02       computer=TComputer()
03       print("计算机:准备猜数？")
04       while 1:
05           value=input("人:")
06           if value == "yes":
07               print("计算机: bingo")
08               break
09           else:
10               hasNum = int(str(value).split()[0])
11               posNum = int(str(value).split()[1])
12               computer.getUserInput(hasNum, posNum)
```

上面是和用户进行交互的代码，第 2 行实例化一个 Tcomputer 对象，第 5~12 行是该对象和用户之间交互的过程。input()是 Python 内置函数，用来接收用户输入的信息。computer 对象使用 getUserInput()从用户那里获得用户输入的信息。

6.2.5 异常处理

是不是完成了 6.2.4 小节的步骤，本应用就可以宣布结束了？下面使用程序试验一下，截屏如图 6.5 所示。

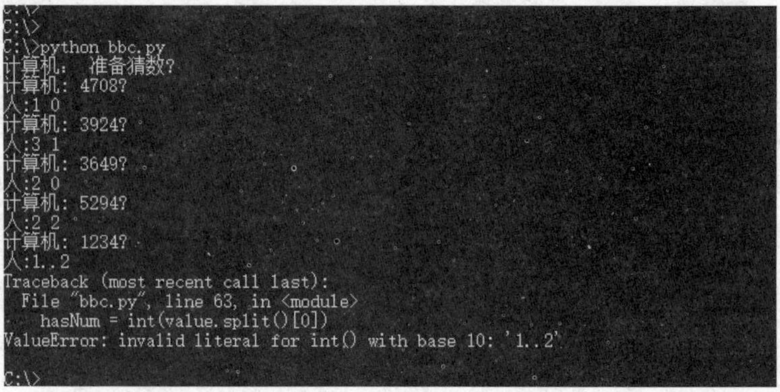

图 6.5   试验猜数程序

出错了！看来程序开发到此没有结束，从图 6.5 可以看出，当第 1 次试验时，完全正确的输入是没有问题的，计算机准确地猜出了数字；当第 2 次试验时，输入的提示信息不正确，程序就报错退出了。这是因为上面在分析设计和编程时完全没有考虑到异常情况，用户不是任何时候都会按照预想的那样操作的，他有可能输入错误的信息，也有可能把字母当数字输入，还有可能输入错误的提示信息，遇到这种情况该如何处理呢？

这就是本章讨论的异常处理的作用所在了。有了异常处理，程序就会稳健耐用，不会动不动就出错退出了。

本程序主要有下面两种异常信息：

- 用户输入格式错误。在本应用中，用户应该输入 yes 或者是两个数字，输入其他的格式时计算机应该抛出异常来提醒用户。
- 用户输入数据错误。除了用户输入的格式错误外，用户给的提示信息本身可能是错误的，也可能前后矛盾。在这种情况下，根本无法猜出正确的解，所以在处理异常的时候，也需要将这个异常考虑在内。

6.2.6   异常类定义

主要是处理两种不同的异常信息：用户格式错误和用户数据错误。定义本程序的异常处理结构时，可以按照 6.1.7 小节里提到的方法来编写自定义类——定义一个异常的总类，用户格式错误和用户数据错误分别继承于总类。总类的定义很简单，例如：

```
>>> class BusiError(Exception):
...     """程序异常错误信息总类"""
...     pass
```

（1）用户格式错误

在用户输入格式不正确的时候抛出异常，以便用户看到异常提示的信息就知道是输入的问题。它的实现代码如下：

```
>>> class UserInputError(BusiError):
...     """用户格式错误：errInput 记录错误信息，outInfo 记录提示信息"""
```

```
...     def __init__(self, err_input, out_info):
...         self.errInput= errInput
...         self.outInfo=outInfo
```

用户输入格式异常时，返回的异常信息要包括用户输入的错误格式信息和正确的输入格式说明，所以在 UserInputError（用户输入格式异常）中定义了两个属性 err_input 和 out_info，分别用来记录错误格式信息和正确的输入格式说明。

（2）用户数据错误

计算机程序按照用户提示的数据找不到任何一个可能的数字的时候，才会抛出用户数据错误异常。因为本应用的程序是每次都根据提示数据来缩小可能性的集合（也就是列表 possible_list 的数字越来越少的过程），现在的程序设计并没有 possible_list 副本，每次根据用户提示的数据对 possible_list 做的操作都不能恢复，所以该异常类只是通知程序输入数据出错，本局游戏要从头开始了，不需要增加属性，直接继承父类就可以了，例如：

```
>>> class UserDataError(BusiError):
...     """程序异常错误信息总类"""
...     pass
```

6.2.7　抛出和捕获异常

定义了异常类，下面的问题就是在什么地方抛出和捕获异常了。用户输入格式异常和用户数据异常都是和用户输入有关的，所以可以在和用户进行交互的地方增加异常处理的机制，抛出异常并做相应的处理。例子 6.8 是增加了出错处理之后的用户交互代码。

例子 6.8　用户交互代码的异常处理

```
01   if __name__=='__main__':
02       computer=TComputer()
03       print("计算机:准备猜数? ")
04       while 1:
05           print("计算机: %s?" %computer.randomNum)
06           value = input("人:")
07           if value == "yes":
08               print("计算机: bingo")
09               break
10           elif len(value.split()) > 2:
11               raise UserInputError(value, "应该输入 yes 或者是 2 个数字")
12           else:
13               hasNum = int(value.split()[0])
14               posNum = int(value.split()[1])
15               computer.getUserInput(hasNum, posNum)
```

例子 6.8 和原有代码的不同之处是在第 8~9 行对用户输入的 value 做格式检查，如果格式

131

不正确，就抛出 UserInputError 异常。

此外，用户在输入两个数时应该注意，第一个数是与随机数相同的数字，第二个数是相同的数字并且还有相同的位置。也就是说，第一个数字必定比第二个数字大，而且，这两个数都必须小于 4。所以这里还需要增加对输入数大小的判断。如果用户输入的数有误，后面必然得不到正确的结果。例子 6.9 是对输入数字异常的处理。

例子 6.9　输入数字异常处理

```
01    if __name__=='__main__':
02        computer=TComputer()
03        print("计算机:准备猜数? ")
04        while 1:
05            print("计算机: %s?" %computer.randomNum)
06            value = input("人:")
07            if value == "yes":
08                print("计算机: bingo")
09                break
10            elif len(value.split()) > 2:
11                raise UserInputError(value, "应该输入 OK 或者是 2 个数字")
12            elif (not value.split()[0].isdigit()) | (not
value.split()[1].isdigit()):
13                    raise UserInputError(value, "输入的必须是 2 个数字")
14            elif (int(value.split()[0]) <= int(value.split()[1])) &
int(value.split()[0]) > 4:
15                raise UserInputError(value, "输入的数字必须在[0,4]之间，并且第一
个数要大于第二个数")
16            else:
18                hasNum = int(value.split()[0])
18                posNum = int(value.split()[1])
19                computer.getUserInput(hasNum, posNum)
```

例子 6.9 增加异常处理的地方是在第 11、13 和 15 行，通过对输入数值的判断，将不符合要求的输入都抛出异常，增强程序的健壮性，保证用户的输入是有效的。

6.3　小结

本章讨论了 Python 的异常处理。对于每个程序来说，异常处理是必不可少的，因为稳健性是一个程序合格的重要指标之一。一个程序应该能够在各种异常情况下正常完善地运行，比如在用户输入错误的数据、链接的程序库有问题或者外部的文件、网络、数据库等异常情况下都能正确地运行，这样才能算稳健可靠。

Python 提供了一套简洁有效的异常抛出和捕获机制。读者在学习本章的时候，要多留意

一下 try、except 和 raise 的用法。在本章的综合应用中，列举了一个颇为著名的计算机猜数的例子，并演示了如何在该例子上应用异常处理，以应付用户输入数据错误等异常情况。

　　这里的计算机猜数是让计算机来猜人提供的数字。读者也可以尝试编写一个让人来猜计算机随机获得数字的程序，考虑一下该如何实现，又会有哪些异常需要处理呢？

第 7 章

◄ 模块和包 ►

在使用 Python 开发程序的时候，如果是比较复杂的功能，通常需要把功能分成几个部分，这样程序才能有良好的结构。那么如何去组织一个有很多功能的复杂的 Python 代码呢？这就要使用 Python 的模块和包了。

本章的主要内容是：

- 模块的导入。
- 模块的编辑。
- 包的导入。
- 命名空间的使用。

7.1　模块

顾名思义，模块就是一块一块的代码。几何图形可以分成多块，代码也可以分成多块。各种程序设计语言基本都包含了模块的概念，本节就来学习 Python 中的模块。

7.1.1　Python 模块

在前面章节的综合案例中，都是将程序代码保存在一个后缀名为 py 的文件中，这个 py 文件在 Python 中就被认为是一个 module（模块）。增加一个 mymodule.py 文件，内容如下：

```
#*-* coding:utf-8 *-*
"""这是一个 Python 模块的例子"""
module_value=0
def printvalue():
    print(module_value)
```

 提示

如果想把这个模块加入 Python 3.7 的系统路径，就要在 C:\Users\用户名\AppData\Local\Programs\Python\Python37 下创建 mymodule.py 文件。

这个 mymodule.py 在 Python 中称为 mymodule 模块。别的模块可以通过 import 方法导入 mymodule 模块，来使用该模块中的变量 module_value 和函数 printvalue。打开终端，进入 mymodule.py 文件的当前目录，并进入 Python 交互式界面。例如：

```
>>> import sys,os,importlib
>>> sys.path.append(os.getcwd())
>>> importlib.reload(sys)
<module 'sys' (built-in)>
>>> import mymodule
>>> print(mymodule.module_value)
0
>>> mymodule.printvalue()
0
>>>
```

在上面的代码中，首先用 os.getcwd()获取当前目录的路径，然后使用 append()将这个路径加入到 Python 的系统路径中。使用 importlib.reload(sys)重新载入 sys 模块，现在当前路径已经成为 Python 的系统路径了。使用 import 语法导入 mymodule 模块，这样就可以使用 mymodule 的变量 module_value 和函数 printvalue()了。

7.1.2　导入模块

导入一个 Python 模块到当前模块中，它的语法规范如下：

```
import_stmt ::= "import" module ["as" name] ( "," module ["as" name] )*
  | "from" relative_module "import" identifier ["as" name]
    ( "," identifier ["as" name] )*
  | "from" relative_module "import" "(" identifier ["as" name]
    ( "," identifier ["as" name] )* [","] ")"
  | "from" module "import" "*"
```

上面是 Python 语句所规定的导入一个模块到当前模块的语法规范：import_stmt 表示 import 语句；双引号标明的是关键字；方括号表示可选输入；竖线表示或者；小括号和星号合在一起使用，表示可以为若干个小括号里的内容。从上面的语法规范来看，import 语句有 4 种不同的写法（由 3 个竖线分隔），分别如下：

（1）"import" module ["as" name] ("," module ["as" name])*

这种用法就是直接在 import 后面加模块名字，并且这个名字还可以使用关键字 as 来自定义，比如 7.1.1 小节的 mymodule 模块。mymodule 太长了，可以使用下面的语句来改变引用的名字：

```
>>> import mymodule  as my
>>> print(my.module_value)
0
```

```
>>> my.printvalue()
0
```

使用 as 关键字将 mymodule 的名字定义为 my 之后，就可以直接用 my 来调用 mymodule 模块里的变量和函数了。

该语句还可以导入多个模块。例如，sys 模块是 Python 中一个有关操作系统信息的模块，现在要使用 import 一次性导入 sys 和 mymodule，该如何处理呢？可以使用下面的语句：

```
>>> import sys,mymodule as my
>>> sys.maxsize
9223372036854775807
>>> my.module_value
0
```

（2）"from" relative_module "import" identifier ["as" name]　（"," identifier ["as" name])*

这种用法不同于第 1 种用法，增加了 from 关键字。例如，mymodule 的模块可以使用下面的代码来导入：

```
>>> from mymodule import module_value,printvalue
>>> printvalue()
0
>>> module_value
0
>>>
```

用这种方法来导入模块以后，不能使用模块名字来调用模块变量或者函数之类的，可以直接使用 import 语句后面所导入的名字。例如，module_value 是 mymodule 模块的一个变量，使用这种导入方法之后，就可以直接使用 module_value 变量。

（3）"from" relative_module "import" "("identifier ["as" name] ("," identifier ["as" name])* [","] ")"

这种方法和第 2 种方法类似，只是在 import 后加上括号，将需要导入的部分用元组进行特别说明，作用和第 2 种方法是一样的，都是将模块的变量、函数等导入到当前模块。例如：

```
>>> from mymodule import (module_value,printvalue)
>>> printvalue()
0
>>> module_value
0
>>>
```

（4）"from" module "import" "*"

这种用法是将一个模块的所有成员都导入到当前模块下。比如有一个模块 testmodule，有几十个不同的成员，如果使用第 2 种方法，import 后面要写上几十个不同的名字，很麻烦。这种情况就可以使用本方法，用星号来代替所有的成员名字。例如：

```
>>> from module import *
>>> print(module_value)
0
>>> printvalue()
0
```

7.1.3 查找模块

当 import 一个模块时，Python 要到哪里去找模块文件呢？以 mymodule.py 为例，实际上 Python 查找模块的步骤有 3 步：

（1）在当前目录中查找 mymodule.py。

（2）若没有找到，则继续从环境变量 PYTHONPATH 中查找。

（3）若没有 PYTHONPATH 变量，就到安装目录查找，例如 C:\Python37\Lib。

实际上要将查找目录的信息存放到 sys 模块的 path 变量。可以打印该变量来查看 Python 的查找目录：

```
>>> import sys
>>> sys.path
['', 'C:\\WINDOWS\\system32\\python37.zip', 'C:\\Python37\\DLLs',
'C:\\Python37\\lib', 'C:\\Python37\\lib\\plat-win', 'C:\\Python37\\lib\\lib-
tk', 'C:\\Python37', 'C:\\Python37\\lib\\site-packages',
'C:\\Python37\\lib\\site-packages\\gtk-2.0', 'C:\\Python37\\lib\\site-
packages\\win32', 'C:\\Python37\\lib\\site-packages\\win32\\lib',
'C:\\Python37\\lib\\site-packages\\Pythonwin', 'C:\\Python37\\lib\\site-
packages\\wx-2.8-msw-unicode']
```

从查找顺序上可以看出，当前目录是第一优先查找的，所以如果在当前目录下建立一个 Python 标准库模块一样名字的 Python 文件，那么 Python 会用该文件取代标准库的模块，可能会产生各种问题。因此当编写 Python 模块的时候，尽量不要使用标准库中已经存在的名字。

7.1.4 模块编译

Python 在执行程序的时候，实际上有一个虚拟机机制。当运行 Python 模块文件的时候，Python 会将后缀名为.py 的模块文件编译为后缀名.pyc 的字节码文件，在运行程序的时候，实际上是解释执行编译之后的.pyc 文件。这点和 Java 很相似，不过编译成字节码文件运行以后并不能提高 Python 程序的运行速度，只能提高装载的速度。例如 7.1.1 小节的 mymodule.py 模块，当在 PyShell 里导入该模块的时候，Python 会在 mymodule.py 的目录里生成一个字节码文件 mymodule.pyc，在下一次导入的时候，Python 会直接装载 mymodule.pyc 文件来提高装载速度。

除了编译成.pyc 字节码文件外，向 Python 解释器传递两个-O 参数（-OO）会生成优化的字节码.pyo 文件。pyo 文件相比 pyc 文件在装载的时候更快一点，这样可以提高 Python 脚本的启动速度（非运行速度）。不过需要注意的是，压缩的.pyo 文件删除了 py 文件里用来存放注释的__doc__属性，所以若程序的逻辑功能依赖于__doc__属性，则不能使用该优化方法。

7.2 包

程序代码太多可以分成多个模块，那模块太多该怎么办？可以组合成一个包。本节就来学习 Python 中包的应用。

7.2.1 Python 包

包是一组模块的集合，而模块是一个 Python 文件，所以包就是放着若干个 Python 文件的目录，并且该目录下有一个__init__.py 文件（包的初始化文件），可以在该文件里导入包里的所有 Python 模块。例如，在 Python 的安装目录下，新建一个 mypackage 的目录，在里面有 mymodule.py 文件和 sys1.py 文件。sys1.py 的文件内容如下：

```
def printsys():
    print("this is system!")
```

在 mypackage 目录下，新建一个__init__.py 文件，内容为：

```
import mypackage.mymodule
import mypackage.sys1
```

这样 mypackage 就被称为 Python 的一个包，就可以访问模块和模块的成员了，例如：

```
>>> import mypackage
>>> mypackage.sys1.printsys
<function printsys at 0x01C89570>
>>> mypackage.sys1.printsys()
this is system!
>>> mypackage.mymodule.printvalue()
0
```

__init__.py 可以是空文件，不过在编写的时候会加入一些初始化代码，例如对__all__属性的处理。__all__属性是包的一个重要属性，一般用来存放包下面的模块名称，例如将 mypackage 的__init__文件修改为：

```
__all__=['mymodule','sys1']
```

在该包的__init__.py 文件中对__all__进行设置以后，就不需要使用 import 语句来导入子模块了，这种方式更方便一些，所以一般都用来声明包的模块和子包。

> 要测试上述__all__语句，只能使用 from mypackage import *这种导入包的形式，若直接
> 使用 import mypackage 则会报错。

7.2.2 包的导入

包的导入和模块的导入是一样的语法规则，例如：

```
>>> import mypackage as my
>>> my.sys1.printsys()
this is system!
>>> from mypackage import *
>>> sys1.printsys()
this is system!
>>>
```

和模块导入不同的地方是第 4 种带星号的导入的用法，当写下 from mypackage import * 时会发生什么事呢？理想情况下，总是希望在文件系统中找出包所有的子模块，然后导入，但是实际上并不是如此。当使用 from mypackage import *语句导入一个包的时候，实际上 Python 会做以下两步：

（1）import 语句按如下条件进行转换：执行 from mypackage import * 时，如果包中的__init__.py 代码定义了一个名为__all__的列表，就会按照列表中给出的模块名进行导入。例如，__init__.py 的内容如下：

```
__all__=['sys1']
```

那么使用 from mypackage import *导入模块的时候，实际导入的只有 sys1，而没有 mymodule：

```
>>> from mypackage import *
>>> dir()
['__annotations__', '__builtins__', '__doc__', '__loader__', '__name__',
'__package__', '__spec__', 'sys1']
```

dir()函数是 Python 内置函数，用一个列表形式来打印对象的成员名字。从上面的结果可以看出，mypackage 的 sys1 模块已经导入到当前模块中，而 mymodule 则没有。

（2）如果没有定义__all__，那么 from mypackage import * 语句就不会从 mypackage 包中导入所有的子模块。mypackage 只导入__init__所用于的命名空间，如果__init__为一个空文件，那么 from mypackage import *实际上不能导入任何一个子模块到当前模块中。

从上面的分析可以看出，__all__列表可以看成是包的索引，指定了包所拥有的模块的名字。在编写 Python 包的时候，一般都建议在__init__.py 文件里面明确地设置__all__列表。

7.2.3　内嵌包

对于功能较为复杂的程序，一个大的包里面套着若干个子包，每个子包又有若干个模块。以 Python 处理 XML 的标准库 XML 模块为例（该模块文件就在 Python 安装目录里），它就包括了 4 个不同的子包，每个子包都有不同的作用。例子 7.1 用来演示如何将 XML 模块的代码文档结构打印出来。

例子 7.1　XML 模块的代码结构

```
xml/                        Top-level package
    __init__.py             Initialize the xml package
    parsers/                Subpackage for file parsers
        __init__.py
        expat.py
    dom/                Subpackage for dom
        __init__.py
        domreg.py
        expatbuilder.py
        minicompat.py
        minidom.py
        NodeFilter.py
        NodeFilter.py
        xmlbuilder.py
    sax/                Subpackage for sax
        __init__.py
        _exceptions.py
        expatreader.py
        handler.py
        xmlreader.py
        saxutils.py
    etree/                Subpackage for etree
        __init__.py
        cElementTree.py
        ElementInclude.py
        ElementPath.py
        ElementTree.py
```

从例子 7.1 的代码结构图就可以看到，XML 标准库模块有 4 个功能不同的子包，其中 parsers 和 etree 包只提供 XML 包内部调用的功能，所以它们的__init__.py 文件没有什么初始化的内容，只是写了几行注释来说明该包的作用，而 dom 和 sax 包不同，它们是需要提供给外部调用的功能模块（dom 包以 DOM 方式来操作 XML，sax 包以 SAX 方式来操作 XML），所以它们的__init__.py 文件里都增加了不少初始化代码，并且增加了对模块功能的包装。

DOM 和 SAX 是两种对 XML 文档处理的不同方式。DOM 的方式是将 XML 文件以树形的数据结构全部读到内存中；SAX 则是事件驱动地解析 XML 文件，一点一点解析 XML 文件，遇到某个新的起点或终点时调一个回调函数来处理 XML 文件。

对于内嵌包的使用，需要注意的只有一点，那就是在装载邻居包的模块时要使用邻居包和模块的全名，没有简洁的方法。例如，在例子 7.1 中，dom 中的 domreg.py 模块要使用 etree 包的 ElementTree.py 模块时，可以使用如下方法导入：

```
import  etree. ElementTree
```

或者：

```
from etree import ElementTree
```

7.3 本章小结

本章讨论了 Python 中模块和包的概念，对一个较大规模的 Python 程序，需要将功能分成几部分来实现，这时就需要用到模块和包：模块是一个 Python 的代码文件，包负责对模块文件的封装。其中，最需要注意的是__init__文件的作用。

第 8 章

◀ 元类和新型类 ▶

前面章节介绍了面向对象的概念，在面向对象编程语言中，可以定义类，将相关的数据和行为捆绑在一起。这些类可以继承父类部分或全部的性质，同时也可以定义自己的属性（数据）或方法（行为）。在定义类的过程结束时，类通常充当用来创建实例（有时也简单地称为对象）的模板。同一个类的不同实例通常有不同的数据，但"外表"都是一样的。既然对象是以类为模板来生成的，那么类是以什么模板来生成的呢？

本章的主要内容是：

- 元类的概念。
- AOP 的概念。
- 新型类的使用。

8.1 元类

元类是 Python 语言中的高级主题，事实上绝大部分情况下都不是必须使用它才能完成开发，但是元类动态地生成类的能力能够更方便地解决下面情景的难题。

- 类在设计时并不是所有部分都确切地知道所有的细节，有些细节要通过在程序运行时得到的信息才能决定。
- 在某些情景下，类比实例更重要。例如，编写一个声明性语言（declarative mini-languages）的时候，在类声明中直接表示了它的程序逻辑，使用元类来影响类创建的过程就相当有用。

8.1.1 类工厂

在 Python 老版本里可以使用类工厂函数来创建类，返回在函数体内动态创建的类，例如：

```
>>> def class_with_method(func):
...     class klass: pass
```

```
...      setattr(klass, func.__name__, func)
...      return klass
>>> def say_foo(self): print('foo')
>>> Foo = class_with_method(say_foo)
>>> foo = Foo()
>>> foo.say_foo()
Foo
```

函数 class_with_method 是一个类工厂函数，通过 setattr()方法来设置类的成员函数，并且返回该类。这个类的成员方法可以通过 class_with_method 的 func 参数来指定。

8.1.2　初识元类

类工厂的方法都是通过一个函数来生成不同的类。类工厂可以是类，就像它们可以跟函数一样容易。在 Python 2.2 之后，提供了一个称为 type 的特殊类就是这样的类工厂，即所谓的元类。元类是类的类，类是元类的实例，对象是类的实例。

元类 type 的使用方法如下：

```
>>> Foo=type('Foo',(),{'say_foo':say_foo})
>>> foo1=Foo()
>>> foo1.say_foo()
foo
>>>
```

上面的 Foo 不是函数的返回结果，而是 type 元类实例化之后的类，虽然看起来很像，却是完全不同的生成方式。

元类 type 首先是一个类，所以比类工厂的方法更灵活多变，可以自由创建子类来扩展元类的能力，例如：

```
>>> class ChattyType(type):
...   def __new__(cls, name, bases, dct):
...     print("Allocating memory for class", name)
...     return type.__new__(cls, name, bases, dct)
...   def __init__(cls, name, bases, dct):
...     print("Init'ing (configuring) class", name)
...     super(ChattyType, cls).__init__(name, bases, dct)
>>> aa=ChattyType('Foo',(),{})
Allocating memory for class Foo
Init'ing (configuring) class Foo
```

其中，__new__ 分配创建类和__init__ 方法配置类是类 type 内置的基本方法。需要注意的是，这两个方法的第一个参数均为 cls（特指类本身），而非 self（类的实例）。

当用元类实例化一个类的时候，类将会获得元类所拥有的方法，就像类实例化对象的时候对象会获得类所拥有的方法一样。例子 8.1 是元类实例化的例子。

例子 8.1 元类的实例化

```
01  >>> class ChattyType(type):
02  ...     def __new__(cls, name, bases, dct):
03  ...         print("Allocating memory for class", name)
04  ...         return type.__new__(cls, name, bases, dct)
05  ...     def __init__(cls, name, bases, dct):
06  ...         print("Init'ing (configuring) class", name)
07  ...         super(ChattyType, cls).__init__(name, bases, dct)
08  ...     def add(cls):
09  ...         print("metaclass method")
10  ...
11  >>> x=ChattyType('foo',(),{})
12  Allocating memory for class foo
13  Init'ing (configuring) class foo
14  >>> x.add()
15  metaclass method
16  >>> xx=x()
17  >>> xx.add()
18  Traceback (most recent call last):
19    File "<stdin>", line 1, in <module>
20  AttributeError: 'foo' object has no attribute 'add'
```

第 1~10 行定义了一个类 ChattyType，继承于 type；在第 11 行中，元类 ChattyType 实例化之后得到了一个类 foo，拥有元类的方法 add()，而继续将类 foo 实例化之后的对象 xx 并没有 add()方法，这就是实例化和继承的一大区别。多层次继承的时候，子类可以获得父类或"父类的父类"的所有方法和属性，而实例化不同，实例化只能获得实例化它的类所定义的方法。图 8.1 用来说明这一点：A 实例化得到 B，B 实例化得到 C，其中 C 所拥有的方法只有 B 所定义的属性和方法，而 C 继承 B，B 继承 A，实际 C 拥有 A 和 B 所有的属性和方法。

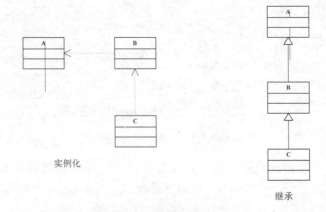

图 8.1 继承和实例化的区别

8.1.3　设置类的元类属性

在 Python 中，每一个类都是经过元类实例化而来，只不过这个实例化的过程在很多情况下都是由 Python 解释器自动完成的。每一个类都有一个属性__metaclass__，用来说明该类的元类，一般情况下该属性都由 Python 解释器自动设置，不过用户也可以更改类的__metaclass__属性来更改类的元类。

设置类的元类属性，可以在类的内部直接设置__metaclass__属性，或者直接设置全局变量__metaclass__。如果设置全局变量__metaclass__属性，那么该命名空间下定义所有的类的元类都将是全局变量__metaclass__所指定的元类。例子 8.2 是类的元类属性设置的例子。

例子 8.2　类的元类属性的设置

```
01  >>> class ChattyType(type):
02  ...     def __new__(cls, name, bases, dct):
03  ...         print("Allocating memory for class", name)
04  ...         return type.__new__(cls, name, bases, dct)
05  ...     def __init__(cls, name, bases, dct):
06  ...         print("Init'ing (configuring) class", name)
07  ...         super(ChattyType, cls).__init__(name, bases, dct)
08  ...
09  >>> class example(metaclass=ChattyType):
10  ...     def __init__(self):
11  ...         print("this is init!")
12  ...
13  Allocating memory for class example
14  Init'ing (configuring) class example
```

第 1~8 行定义了一个元类 ChattyType，第 9~11 行定义了一个类 example。因为 Python 3 取消了属性__metaclass__，所以元类必须在定义类时采用 metaclass=元类名的方式声明。实际上第 9~11 行定义类的代码也就是元类 ChattyType 实例化类 example 的代码，等同于如下代码：

```
>>> def __init__(self):print "this is init!"
...
>>> example=ChattyType('example', (), {'__init__':__init__})
Allocating memory for class example
Init'ing (configuring) class example
```

8.1.4　元类的魔力

从上面几个小节可以了解到元类最重要的两个方面：

- 类是由元类实例而来的，类的定义过程实际上是元类实例化的过程。
- 类的元类可动态改变，可以直接设置全局变量__metaclass__来改变。

改变全局变量 __metaclass__，就改变类的元类，而类又是元类实例的结果，所以元类可以改变类的定义过程。换句话说，只要改变全局变量 __metaclass__，就能神不知鬼不觉地改变一个类的定义，这就是元类的魔力。例子 8.3 是一个元类魔力的简单例子。

例子 8.3　元类魔力的简单例子

```
01  >>> class example:
02      def __init__(self):
03          print("this i example!")
04      def test_msg(self):
05          print("this is test_msg!")
06  >>> aa=example()
07  this i example!
08  >>> aa.test_msg()
09  this is test_msg!
10  >>> class change(type):
11  ...     def __new__(cls,name,bases,dict):
12  ...         def test_msg(self):
13  ...             print("the test_msg is changed!")
14  ...         dict['test_msg']=test_msg
15  ...         return type.__new__(cls,name,bases,dict)
16  >>> class example(metaclass=change):
17  ...     def __init__(self):
18  ...         print("this i example!")
19  ...     def test_msg(self):
20  ...         print("this is test_msg!")
21  ...
22  >>> aa=example()
23  this i example!
24  >>> aa.test_msg()
25  the test_msg is changed!
```

第 1~5 行定义了一个类 example，它有两个方法 __init__ 和 test_msg()。第 10~16 行定义了一个元类 change，将 dict 参数中的 test_msg() 替换成了内定义的方法 test_msg()（第 12~14 行）。也就是说，如果一个类以该类为元类，那么它的 test_msg() 方法会被元类自定义的 test_msg() 所替换，所以在第 17~20 行以同样的代码定义类 example，它们的 test_msg() 方法结果则完全不一样（第 8 行和第 24 行相比较）这种"偷天换日"的手段正是元类魔力的小小展示。

8.1.5　面向方面和元类

元类的这种魔力能带来什么实用价值吗？实际用途确实是有的，很接近于面向方面的编程。面向方面编程（Aspect Oriented Programming，AOP）的核心内容就是所谓的"横切关注点"。

使用面向对象方法构建软件系统，我们可以利用 OO 的特性很好地解决纵向的问题，因为 OO 的核心概念，如继承等，都是纵向结构的。但是，在软件系统中往往有很多模块或者很多类共享某个行为，或者说某个行为存在于软件的各个部分中，这个行为可以看作是"横向"存在于软件之中，它所关注的是软件各个部分共有的一些行为，而且在很多情况下这种行为不属于业务逻辑的一部分。例如，操作日志的记录并不是业务逻辑调用的必需部分，但是我们却往往不能在代码中显式调用，并承担由此带来的后果（例如，当日志记录的接口发生变化时，不得不对调用代码进行修改）。这种问题，使用传统的 OO 方法是很难解决的。AOP 的目标便是将这些"横切关注点"与业务逻辑代码相分离，从而得到更好的软件结构以及性能、稳定性等方面的好处，如图 8.2 所示。

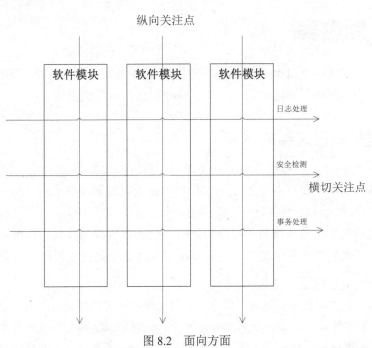

图 8.2　面向方面

一个软件系统的业务逻辑上有很大一部分代码都是 AOP 里所说的横切关注点，例如日志处理、安全检测、事务处理、权限检查等。这部分代码占了很大的比例，几乎在每个地方都要调用。AOP 的思想就是把这些横切关注点代码抽取出来，不再在各个软件模块中显式使用。

例如，日志处理是每个软件都有的功能，一般习惯在做一些操作前写上开始模块处理的日志、处理结束写上处理结束、处理出错写上处理告警等。如果一个软件有几百个处理步骤，每个步骤都需要有正常日志、异常日志，那么这个软件仅仅是写日志的代码就要数千行甚至上万行了，维护起来相当困难。

如果部分代码不需要手工写到各个业务逻辑处理的地方，而是把这部分代码独立起来，各个业务逻辑处理的地方会在运行的时候自动调用这些横切点功能，这样代码量就少很多，也方便很多，这就是 AOP 的核心地方。

要实现 AOP 所说的自动调用，有的语言使用 AspectJ 编译器，Python 则使用元类。

8.1.6　元类的小结

Python 的元类具有动态改变类的能力，给编程带来了更方便的动态性和能力。需要注意的是，在实际使用过程中，需要防止过度使用元类来动态改变类，过于复杂的元类通常会带来代码难以调试和可读性差的问题，而 Python 语言是所有语言中最强调良好可读性和实用性的语言，所以一定要在确实需要使用的时候才使用元类。

8.2　新型类

在 Python 2.2 之后，Python 的对象世界和之前的版本相比发生了重大的变化，有了两种不同的类：新型类和传统类（经典类）。下面将介绍这两种类的不同。

8.2.1　新型类和传统类的区别

在老版本的 Python 中，并非所有的均是对象，内置的数值类型（例如整型、字符型都不是类）都不能被继承，而在版本 2.2 之后，任何内建类型也都是继承自 object 类的类，凡是继承自类 object 或者 object 子类的类是新型类，而不是继承于 object 或者 object 子类的都称为传统类。新的对象模型与传统对象模型相比有小但却很重要的优势，Python 版本对传统类的支持主要是为了兼容性，所以使用类的时候推荐从现在开始直接使用新型类。

> Python 的设计也并非完美，因为一开始未能将内建类型设计为类，在新版本中为了保持兼容性，不得不将类划分为两种类，这使得 Python 的对象模型不那么清晰简单，而 Python 社区从 Python 3 版本开始，将放弃兼容性，在 Python 3.X 版本中将只存在新型类。

新型类是继承自类 object 或者 object 子类的，实际上所有的内建类型都是从 object 继承而来的，可以用函数 issubclass()来验证。当存在子类和父类关系的时候，issubclass()返回 True，不存在则返回 False，例如：

```
>>> issubclass(int,object)
True
>>> issubclass(float,object)
True
>>> issubclass(list,object)
True
>>> issubclass(dict,object)
True
```

```
>>> class C:
...     pass
...
>>> issubclass(C,object)
False
```

从上面的代码可以看出，list、int、float、dict 都是 object 的子类，而类 C 没有继承于 object，所以是传统类。

8.2.2　类方法和静态方法

新的对象模型提供了两种类的新方法：静态方法和类方法。在新版本的 Python 中，传统类也支持了类方法（但是不支持静态方法）。

静态方法可以直接被类或类实例调用，没有常规方法那样的规则限制（绑定、非绑定、默认的第一个参数规则等），也就是说静态函数的第一个参数不需要指定为 self，也不需要只有对象（类的实例）才能调用。例子 8.4 是类的常规方法和静态方法的对比。

例子 8.4　常规方法和静态方法

```
01   >>> class ClassA(object):
02   ...     @staticmethod
03   ...     def teststatic(aa):
04   ...         print(aa)
05   ...     def testnormal(aa):
06   ...         print(aa)
07   ...     def testnormal2(self,aa):
08   ...         print(aa)
09   ...
10   >>> ClassA.teststatic(33)
11   33
12   >>> ClassA.testnormal(33)
13   33
14   >>> ClassA.testnormal2(33)
15   Traceback (most recent call last):
16     File "<stdin>", line 1, in <module>
17   TypeError: testnormal2() missing 1 required positional argument: 'aa'
18   >>> in_A = ClassA()
19   >>> in_A.teststatic(33)
20   33
21   >>> in_A.testnormal(33)
22   Traceback (most recent call last):
23     File "<stdin>", line 1, in <module>
24   TypeError: testnormal() takes 1 positional argument but 2 were given
25   >>> in_A.testnormal2(33)
```

```
26   33
27   >>>
```

类 ClassA 定义了 3 种不同的方法：teststatic()、testnormal()、testnormal2()。其中，定义
teststatic()前面一行加了静态方法的说明语法@staticmethod，所以 teststatic()是静态函数，
testnormal()和 testnormal2()的区别在于，testnormal2()的第一个参数是 self。在上面的例子
里，分别用类和类的实例化之后的对象调用这 3 个不同的方法，可以看到它们的运行结果。

● 使用类调用这 3 种不同的方法

调用静态方法 teststatic()可以正确运行出结果，实例方法 testnormal()也能得到结果，而
testnormal2()则无法正确调用。

● 使用类的实例去调用这 3 种不同的方法

静态方法 teststatic()可以正确运行结果，而 testnormal()无法正确运行，这是因为
testnormal()的第一个参数不是 self，而当一个类实例对象调用该常规方法时，是自动将类实
例对象作为第一个参数传给该方法，所以调用 testnormal()的时候，Python 解释器会提示
testnormal()函数只定义了一个参数，而传了两个参数给它。

定义一个类方法，只需要在方法前加上@classmethod 描述语法就可以了，例如：

```
>>> class ClassA(object):
...     @classmethod
...     def testclass(cls,aa):
...         print(aa)
>>> ClassA.testclass(33)
33
>>> inst=ClassA()
>>> inst.testclass(33)
33
```

上面例子中 ClassA 的方法 testclass()是一个类方法，不管是使用类来调用这个方法或者
使用类的实例来调用，都是将类作为第一个参数传入。

8.2.3　新型类的特定方法

1. __new__和__init__方法

新型类包含一个__new__方法，当一个类 C 调用 C(*args,**kwds)创建一个 C 类实例时，
Python 内部实际上调用的是 C.__new__(C,*args,**kwds)。new 方法的返回值 x 就是该类的实
例对象，在确认 x 是 C 的实例以后，Python 调用 C.__init__(x,*args,**kwds)来初始化这个实
例，例如：

```
>>> class C(object):
...     def __new__(cls):
```

```
...          print("this is C new method")
...          return object.__new__(cls)
...     def __init__(self):
...          print("this is C init method")
...
>>> cc=C()
this is C new method
this is C init method
```

实际上 Python 会将上面的 cc=C()这行代码转换成如下代码：

```
>>> x = C.__new__(C)
this is C new method
>>> if isinstance(x, C):
...      C.__init__(x)
...
this is C init method
```

object.__new__ 的作用是接受一个类参数（所以__new__第一个参数为 cls），返回该类参数的实例（也是返回 self），然后 Python 判断该实例是该类的实例，就调用该类的__init__对该类实例做__init__初始化操作（所以__init__的第一个参数为 self）。从中可以看出新型类的方法__new__和__init__，前者用来分配内存生成类实例，后者对类实例对象做初始化操作。

注意

> 不要将新型类的__new__方法和元类的__new__方法混淆，新型类的__new__用来生成类的实例，而元类的__new__用来生成类。

新型类的方法__new__能够生成类的实例，可以用__new__来实现一些传统类无法做到的功能。例如，可以让一个类只能实例化一次：

```
>>> class C(object):
...     _objectpool={}
...     def __new__(cls):
...          if not cls in cls._objectpool:
...              cls._objectpool[cls]=object.__new__(cls)
...          return cls._objectpool[cls]
...
>>> x=C()
>>> y=C()
>>> id(x)
2782665276608
>>> id(y)
2782665276608
```

在上面的例子中，类 C 定义了私有变量_objectpool，用来存放类 C 的实例化对象，当

__new__生成该类的实例对象时，先到_objectpool 中查看是否已有实例化的对象，如果没有才调用 object.__new__ 去实例化对象，所以类 C 只能实例化出一个对象。

2. __getattribute__ 方法

新型类的__getattribute__方法由基类对象提供，负责实现对象属性引用的全部细节。新型类在调用它自身的类或者方法时，实际上都是先通过该方法来调用，例如：

```
>>> class C(object):
...     def test(self):
...         print("this is test!")
...     def __getattribute__(self,name):
...         print("calling to "+name)
...         return object.__getattribute__(self,name)
...
>>> x=C()
>>> x.test()
calling to test
this is test!
```

在上面的代码中，类 C 定义了一个方法 test()，并在调用 object.__getattribute__前打印字符串，所以当 C 的实例类 x 调用 test()方法时，结果不是打印一行字符串而是两行字符串。

因为新型类调用自身的属性和方法时都会先调用__getattribute__，所以可以使用__getattribute__去处理一些特殊的需求，例如隐藏父类的方法：

```
class listNoAppend(list):
    def __getattribute__(self, name):
        if name == 'append': raise AttributeError ("name")
        return list.__getattribute__(self, name)
```

上面的代码定义了 listNoAppend 类（继承自内建类型 list 类），重定义了__getattribute__方法。当调用 append()方法时直接抛出 AttributeError 异常，相当于隐藏了 list 的 append()方法。

8.2.4　新型类的特定属性

内建 property 类用来绑定类实例的方法，并将其返回值绑定为一个类属性，它的定义语法如下：

```
attrib = property(fget=None, fset=None, fdel=None, doc=None)
```

假设在一个类 C 里如上定义了 attrib 属性（通过 property 来创建的），而 x 是 C 的一个实例，那么当引用 x.attrib 时，Python 会调用 fget()方法取值；当为 x.attrib 赋值 x.attrib=value 时，Python 会调用 fset()方法，并且 value 值作为 fset()方法的参数；当执行 del x.attrib 时，

Python 调用 fdel()方法，传过去的名为 doc 的参数即为该属性的文档字符串。如果不定义 fset()和 fdel()方法，那么 attrib 就将是一个只读属性。

property 可以方便地将一个函数的返回值转换为属性，这在很多场合是非常有用的，例如定义一个长方形类，如果要将它的面积也作为一个属性，就可以用 property 将计算面积的方法绑定为一个属性，例如：

```
class Rectangle(object):
    def __init__(self, width, heigth):
        self.width = width
        self.heigth = heigth
    def getArea(self):
        return self.width * self.heigth
    area = property(getArea, doc='area of the rectangle')
```

在上面的代码中，getArea()是一个计算面积的方法，使用 property 将该方法的返回值转换为属性 area，这样引用 Rectangle 的 area 时，Python 会自动使用 getArea()计算出面积。在这个例子里，property 只指定了 fget()方法，没有指定 fset()和 fdel()，所以 area 属性是一个只读属性。

8.2.5　类的 super()方法

新型类提供了一个特殊的方法 super()。super(aclass,obj)返回对象 obj 的一个特殊的超对象（superobject）。当我们调用该超对象的一个属性或方法时，就保证了每个父类的实现均被调用且仅仅调用一次。例子 8.5 是 super()方法的一个应用实例。

例子 8.5　super()方法的使用

```
01  >>> class A(object):
02  ...     def met(self):
03  ...         print('A.met')
04  ...
05  >>> class B(A):
06  ...     def met(self):
07  ...         print('B.met')
08  ...         A.met(self)
09  ...
10  >>> class C(A):
11  ...     def met(self):
12  ...         print('C.met')
13  ...         A.met(self)
14  ...
15  >>> class D(B,C):
16  ...     def met(self):
17  ...         print('D.met')
```

```
18  ...              B.met(self)
19  ...              C.met(self)
20  ...
21  >>> x=D()
22  >>> x.met()
23  D.met
24  B.met
25  A.met
26  C.met
27  A.met
28  >>> class A(object):
29  ...      def met(self):
30  ...          print('A.met')
31  ...
32  >>> class B(A):
33  ...      def met(self):
34  ...          print('B.met')
35  ...          super(B,self).met( )
36  ...
37  >>> class C(A):
38  ...      def met(self):
39  ...          print('C.met')
40  ...          super(C,self).met( )
41  ...
42  >>> class D(B,C):
43  ...      def met(self):
44  ...          print('D.met')
45  ...          super(D,self).met( )
46  ...
47  >>> x=D()
48  >>> x.met()
49  D.met
50  B.met
51  C.met
52  A.met
```

第 1~20 行代码采用传统的直接调用父类的同名方法，无法避免类 A 的方法被重复调用。第 28~45 行的代码则使用了一个特殊的 super()方法，可以保证父类的方法只被并且均被调用一次。

8.2.6 新型类的小结

相较于传统类，新型类支持了更多特性和机制，有着更多的弹性，例如可以定制实例化的过程，尤其是在多重继承的情况下能避免传统类存在的缺陷，所以不同于元类的情况，在所有使用类的时候，都应当尽量使用新型类、避免使用传统类。在 Python 3.X 中已经不存在传统类。目前传统类存在的意义主要是为了保持之前的 Python 代码的兼容性。

8.3　本章小结

本章主要讨论了元类和新型类，元类是 Python 的高级主题，因为在其他计算机语言不多见，所以较难以理解，可以认为类是元类的实例。类的定义实际就是元类调用__new__方法来实例化该类的过程，所以元类有着"神不知鬼不觉"地修改类的定义的能力。使用这个能力，能够让程序更加灵活和方便，不过前提条件是不能因此让程序变得复杂和难以理解。

相较于传统类，新型类支持了更多的方法和属性，更灵活，更有弹性，尤其是在多重继承的情况下，新型类的处理方法更加合理。Python 3.X 版本都只支持新型类，虽然本文涉及部分传统类的概念，但只是为了让读者在碰到旧版本代码时有一个基本的了解。

第 9 章

◀ 迭代器、生成器和修饰器 ▶

本章将要介绍 Python 迭代器、生成器、修饰器的内容。迭代、生成和修饰实际上都是常用的设计模式。迭代器的设计模式最典型的就是 STL（C++标准库）中的迭代器。在 STL 中，迭代器对象是提供对容器进行访问操作的对象；在 Python 中，迭代器的概念则不大相同。修饰器模式是在一个对象的外围创建一个称为修饰器的封装，动态地给这个对象添加一些额外的功能，Python 从语法层次提供了一个很方便的修饰器用法。

本章的主要内容是：

● 迭代器的概念。
● 生成器的概念。
● 修饰器的应用。

9.1 迭代器和生成器

迭代器和生成器是 Python 中非常重要的组成部分。Python 程序也可以不使用迭代器和生成器，不过那相当于放弃了 Python 的一大利器，非常可惜。

9.1.1 迭代器的概念

在 STL 中，迭代器实际上是 C/C++指针的包装，用来对特定的容器进行访问，能够用来遍历 STL 容器中的部分或全部元素。迭代器提供一些基本操作符：*、++、==、! =、=。这些操作和 C/C++"操作 array 元素"时的指针接口一致。不同之处在于，迭代器是一个所谓的 smart pointers（智能指针），具有遍历复杂数据结构的能力。Python 迭代器的概念和 STL 的迭代器有较多不同，其概念超越容器的迭代器，使得用户定义的类支持迭代。

在 Python 中，迭代器对象需要支持__iter__()和 next()两个方法。其中，__iter__()返回迭代器自身，next()返回系列的下一个元素。例子 9.1 是一个支持迭代的类。

例子 9.1　支持迭代的类

```
>>> class simple_range(object):
...     def __init__(self, num):
```

```
...              self.num = num
...       def __iter__(self):
...            return self
...       def next(self):
...            if self.num <= 0:
...                  raise StopIteration
...            tmp = self.num
...            self.num -= 1
...            return tmp
...
>>> a=simple_range(5)
>>> a.next()
5
>>> a.next()
4
>>> a.next()
3
>>> a.next()
2
>>> a.next()
1
>>> a.next()
Traceback (most recent call last):
  File "<stdin>", line 1, in <module>
  File "<stdin>", line 8, in next
StopIteration
>>>
```

类 simple_range 是一个迭代对象，定义了__iter__()和 next()方法。迭代对象有一个状态 self._num，每次执行 next()操作都需要判断该状态，如果小于等于 0 就说明迭代结束。

对列表和元组做 for...in 遍历操作的时候，Python 实际上是通过列表和元组的迭代对象来实现的。for...in 操作的其实是列表和元组的迭代对象，而不是列表和元组本身，例如：

```
>>> lis=[1,2,3,4,5]
>>> for x in lis:
...     print(x)
...
1
2
3
4
5
>>> list_iter=lis.__iter__()
>>> print(type(list_iter))
```

```
<class 'list_iterator'>
>>> for x in list_iter:
...     print(x)
...
1
2
3
4
5
```

从上面的代码可以看出，列表的__iter__方法返回的是一个 list_iterator 类型的对象，for...in 操作实际上作用的是该迭代对象，代码 for x in lis 操作实际上等同于 for x in lis.__iter__()操作，操作的过程实际是通过__iter__获得迭代器对象，不断地调用迭代器对象的 next()方法，一直到 next()方法返回 StopIteration 异常。

9.1.2　生成器的概念

对于一个类来说，支持线性遍历操作可以通过__iter__或 next()方法来实现，不过这种实现方法不够灵活、方便，特别是对于一个函数来说，函数没有属性变量去存放状态，所以让函数用这种方法来支持线性遍历是不可能的。不过 Python 3.X 支持使用 yield 生成器的方法来进行线性遍历。

在 Python 中，yield 语句仅用以定义生成器函数，而且只能出现在生成器函数内；在函数定义中使用 yield 语句的充分理由是想实现一个生成器函数而不是普通函数，当生成器函数被调用时返回一个生成器。

生成器的概念源自协同工作的程序，比如消费者和生产者模型，Python 生成器的概念就是其中的生产者 Producer 角色（数据提供者的意思），每次生成器程序就等在那里，一旦用户（消费者 Consumer 角色）调用 next()方法，生成就继续向下执行一步，然后把当前遇到的内部数据的 Node 放到一个消费者用户能够看到的公用的缓冲区（比如，直接放到消费者线程栈里面的局部变量）里，然后停下来等待（wait）。最后消费者用户从缓冲区里获得 Node。

例如，使用 Python 的 yield 来实现一个无限数据的生成器：

```
>>> def infinite():
...     n = 1
...     while 1:
...         yield n
...         n+=1
...
>>> ge=infinite()
>>> next(ge)
1
```

```
>>> next(ge)
2
>>> next(ge)
3
>>> next(ge)
4
……    #后面可以一直执行下去
```

上面的代码定义了一个生成器函数 infinite()，关键是 yield n 表达式。生成器就如同数据提供者，只有在用户调用 next()方法时，生成器才将内部数据的 Node 提供出来并停下来进入 wait 状态。yield n 表达式的作用就是生成器的这个功能。

yield 表达式的功能可以分成两部分：

- 将 n 返回给用户。
- 进入 wait_and_get 状态，可以理解为程序在这个位置暂停，当消费者再次调用 next() 方法的时候，程序才会在这个位置激活。

生成器和迭代器很相似，其实它们都是消费者和生产者模型，都是用户通过 next()方法来获得数据，而生成器和迭代器都是只有用户在调用 next()时才返回数据。不同的是迭代器是通过自己实现 next()方法来逐步返回数据，而生成器则使用 yield 自动完成了提供数据并且让程序进入 wait 状态，等待用户的进一步操作，所以生成器更加灵活和方便。

9.1.3　生成器 yield 语法

1. yield 是表达式

在 Python 3.X 中，yield 成为表达式，不再是语句，但是必须放在函数内部，如果写成语句的形式，实际上返回值被扔掉了，例如：

```
yield n
x=yield n
```

yield 是表达式，可以和其他表达式相组合，所以下列语句都是合法的：

```
Z=x+y*(yield 2)
A=b+c+d+yield c
```

2.生成器的 next()方法

当用户调用 next()方法，执行到 yield 表达式时，先返回 n，然后程序进入 wait 状态，只有当下一次执行 next()时才会从此处恢复，继续执行下面的代码，一直执行到下一个 yield 代码。如果没有一个 yield 代码，就抛出 StopIteration 异常，例如：

```
>>> def test():
...     print("1 step")
```

```
...      yield 1
...      print("2 step")
...      yield 2
...      print("3 end")
...
>>> h=test()
>>> next(h)
1 step
1
>>> next(h)
2 step
2
>>> next(h)
3 end
Traceback (most recent call last):
  File "<stdio>", line 1, in <module>
StopIteration
```

3. 生成器的 send(msg)方法

执行一个 send(msg) 会恢复生成器的运行，然后发送的值将成为当前 yield 表达式的返回值。程序恢复运行之后，继续执行下面的代码，一直执行到下一个 yield 代码，如果没有一个 yield 代码，就抛出 StopIteration 异常。

当使用 send(msg) 发送消息给生成器时，wait_and_get 会检测到这个信息，然后唤醒生成器，同时该方法获取 msg 并赋值给 x。理解了这一点，例子 9.2 的代码也就不难理解了。

例子 9.2   生成器 send()方法的应用

```
01  >>> def test():
02  ...      print('step 1')
03  ...      x = yield 1
04  ...      print('step 2', 'x=', x)
05  ...      y = yield 2
06  ...      print('step 3', 'y=', y)
07  ...
08  >>> g=test()
09  >>> next(g)
10  step 1
11  1
12  >>> g.send(5)
13  step 2 x= 5
14  2
15  >>> g.send(9)
16  step 3 y= 9
```

```
17  Traceback (most recent call last):
18    File "<stdio>", line 1, in <module>
19  StopIteration
20  >>>
```

例子 9.2 中的函数 test 可以转换成如下代码：

```
>>> def test():
...     print('step 1')
...     put(1)
      x = wait_and_get()
...     print('step 2', 'x=', x)
...     put(2)
      y = wait_and_get()
...     print('step 3', 'y=', y)
```

在例子 9.2 中，第一次调用 next()方法的时候（代码第 9 行），执行到第一个 wait_and_get 处时生成器进入 wait 状态并打印 step 1 和 1。接着在第 12 行调用 send()方法的时候从第一个 wait_and_get 处启动生成器，并把 send()方法的参数 5 赋给变量 x。然后继续执行下面的代码，一直执行到第二个 wait_and_get 处，生成器又进入 wait 状态。当在第 15 行再一次调用 send()方法的时候，生成器从第二个 wait_and_get 处启动，并把 send()方法的参数 9 赋给变量 y，因为后面没有 yield 表达式了，所以生成器抛出 StopIteration 异常。

需要注意的是，第一个调用要么使用 next()，要么使用 send(None)，不能使用 send()来发送一个非 None 的值，原因是非 None 值是发给 wait_and_get 的。一开始程序并没有停在 wait_and_get 代码处，只有先使用 next 或者 send(None) 方法以后才会停在 wait_and_get 处，这时才能使用 send 发送一个非 None 值，例如：

```
>>> h=test()
>>> h.send(1)
Traceback (most recent call last):
  File "<stdio>", line 1, in <module>
TypeError: can't send non-None value to a just-started generator
>>> h.send(None)
step 1
1
```

4. 生成器的 throw()方法

生成器提供 throw() 方法从生成器内部来引发异常，从而控制生成器的执行。例如，可以向生成器发送一个 GeneratorExit 异常：

```
>>> h.throw(GeneratorExit)
Traceback (most recent call last):
  File "<pyshell#122>", line 1, in <module>
    h.throw(GeneratorExit)
```

```
    File "<pyshell#113>", line 3, in test
        yield 1
GeneratorExit
```

GeneratorExit 是 Python 2.5 增加的异常，作用是让生成器有机会执行一些退出时的清理工作。

5. 关闭生成器

生成器提供了一个 close() 方法来关闭生成器。当使用 close() 方法时，生成器会直接从当前状态退出，再使用 next() 方法会得到一个 StopIteration 异常，例如：

```
>>> next(h)
step 1
1
>>> h.close()
>>> next(h)
Traceback (most recent call last):
  File "<pyshell#133>", line 1, in <module>
    next(h)
StopIteration
```

实际上 close() 方法也是通过 throw() 方法发送 GeneratorExit 异常来关闭生成器的，其实现相当于如下代码：

```
>>> def close(self):
...     try:
...         self.throw(GeneratorExit)
...     except (GeneratorExit, StopIteration):
...         pass
...     else:
...         raise RuntimeError("generator ignored GeneratorExit")
```

9.1.4 生成器的用途

1. 相对于列表、元组，生成器更节省内存

生成器一次产生一个数据项，直到没有为止，在 for 循环中就可以对它进行循环处理。相对于列表或者元组，生成器一次只返回一个数据项，占用内存更少，但是需要记住当前的状态，以便返回下一个数据项。生成器是一个有 next() 方法的对象。序列类型则保存了所有的数据项，它们的访问是通过索引进行的。

例如，求公元 1900~2000 年的所有闰年，可以使用下面的代码：

```
>>> def getyear(start,end):
...     year=[]
```

```
...        for i in range(start,end+1):
...            if i%4==0 and i%100!=0:
...                year.append(i)
...            elif i%400==0:
...                year.append(i)
...        return year
...
>>> print(getyear(1900,2000))
[1904, 1908, 1912, 1916, 1920, 1924, 1928, 1932, 1936, 1940, 1944, 1948,
1952, 1956, 1960, 1964, 1968, 1972, 1976, 1980, 1984, 1988, 1992, 1996, 2000]
```

上面的 getyear()函数使用列表 year 来存放闰年的年份，如果结果值很多，列表 list 就要消耗较大的内存。如果使用生成器，每次 next()方法获得一个年份，相对于列表能更节省内存，例如：

```
>>> def getyear(start,end):
...        for i in range(start,end+1):
...            if i%4==0 and i%100!=0:
...                yield i
...            elif i%400==0:
...                yield i
...
>>> year_gen=getyear(1900,2000)
>>> next(year_gen)
1904
>>> next(year_gen)
1908
>>> next(year_gen)
1912
>>> next(year_gen)
1916
```

上面的代码将 getyear()改成生成器结构，因为 yield 每次都返回一个结果，所以更节省内存。

2．线性遍历访问数据

生成器可以将非线性化的处理转换成线性化的方式，典型的例子就是对二叉树的访问。传统的方法是使用递归函数来访问和处理，例如：

```
def deal_tree(node):
    if not node:
        return
    if node.leftnode:
        deal_tree(node.leftnode)
    process(node)
```

```
    if node.rightnode:
        deal_tree(node.rightnode)
```

上面的 deal_tree()方法是一个递归函数，为了处理该数的每一个节点，需要将处理方法 process()放到访问的过程中，既容易出错，也不清晰。比较好的方法是先将树的节点访问转换成线性，代码如下：

```
def deal_tree(node):
    if not node:
        return
    if node.leftnode:
        for i in walk_tree(node.leftnode):
            yield i
    yield node
    if node.rightnode:
        for i in walk_tree(node.rightnode):
            yield i
```

将树的访问转换成线性之后，可以在 deal_tree()函数的外面遍历每一个节点，例如：

```
for node in walk_tree(root):
    process(node)
```

这样一来，处理每个节点的过程不需要放到访问每个节点的代码中去，更加清晰明了。

9.2 修饰器

修饰器也叫修饰器，是用于拓展原来函数功能的一种函数。这个函数的特殊之处在于返回值是一个函数。

9.2.1 修饰器模式

修饰器（Decorator）的概念来自于设计模式，实际上是设计模式里很重要的一种，这里用即时战略游戏中兵种的装甲强度来理解它，举一个典型的例子，魔兽争霸（或冰峰王座等）中的山丘是一个非常厉害的角色，经常能够一锤击毙敌人的英雄和士兵，因此被誉为英雄杀手。既然是英雄杀手，就时常需要冲锋陷阵，在作战过程中自然会面临敌人的围攻，此时我们有多种方式来提升山丘的抗击打能力：

● 升级护甲。
● 通过魔法师给他施加增加防护的魔法。
● 等级到 6 时使用终极魔法来大幅度提高装甲的防护。
● 使用无敌的魔法瓶，在规定时间内谁都拿他没辙。

● ……

虽然不知道暴雪公司的工程师具体是如何实现这种功能设计的，但绝对不会是准备多个具有不同防御等级的山丘对象来供程序调用，如 Shanqiu1、Shanqiu2、……、ShanqiuN，这样设计笨拙、代码繁多，如果游戏中其他兵种的装甲、攻击力的设计都是如此，那么代码的复杂程度就难以接受了。

修饰器在这种情况下就可以发挥作用了：在普通装甲升级时，使用普通装甲升级的修饰器；在使用终极魔法时，使用终极魔法装甲升级的修饰器。设计的目的是为了能够在运行时而不是编译期来动态改变对象的状态，使用组合的方式来增减 Decorator，而不是去修改原有的代码来满足业务的需要，以利于程序的扩展。

修饰器模式是针对 Java 语言的。为了灵活地使用组合的方式来增减 Decorator，Java 语言需要使用较为复杂的类对象结构才能达到这种效果。Python 从语法层次上实现了使用组合的方式来增减 Decorator 的功能，相对于 Java，使用起来更加方便和灵活。

9.2.2　Python 修饰器

Python 从语法层次上支持了 Decorator 模式的灵活调用，主要有以下两种方式。

（1）不带参数的 Decorator

不带参数的 Decorator 的语法形式如下：

```
@A
def f ():
```

这种形式是 Decorator 不带参数的写法。最终 Python 会处理为：

```
f = A(f)
```

这相当于在函数 f 上加一个修饰器A，修饰器的添加是不受限制的，可以多层次使用，例如：

```
@A
@B
@C
def f ():
    ...
```

Python 会将这些处理为：

```
f = A(B(C(f)))
```

（2）带参数的 Decorator

带参数的 Decorator 的语法形式如下：

```
@A(args)
def f ():
```

这种形式是 Decorator 带参数的写法，Python 会处理为：

```
def f(): ...
_deco = A(args)
f = _deco(f)
```

Python 会先执行 A(args)得到一个 decorator()函数，然后按与第 1 种一样的方式进行处理。

9.2.3 修饰器函数的定义

每一个 Decorator 都对应有相应的函数，要对后面的函数进行处理，要么返回原来的函数对象，要么返回一个新的函数对象。

Decorator 只用来处理函数和类方法。

根据修饰器不同的调用方法，修饰器函数也需要对应不同的定义，说明如下：

（1）第 1 种调用的函数定义
一般这种情况下，函数的定义如下：

```
def A(func):
    #处理 func
    #如 func.attr='decorated'
    return func
@A
def f(args):pass
```

对 func 处理后，仍返回原函数对象。这个 decorator() 函数的参数为要处理的函数。如果要返回一个新的函数，可以为：

```
def A(func):
    def new_func(args):
        #做一些额外的工作
        return func(args)  #调用原函数继续进行处理
    return new_func
@A
def f(args):pass
```

注意，new_func 的定义形式要与待处理的函数相同，因此还可以写得通用一些，如：

```
def A(func):
    def new_func(*args, **argkw):
        #做一些额外的工作
        return func(*args, **argkw)  #调用原函数继续进行处理
    return new_func
@A
```

```
def f(args):pass
```

可以看出，在 A 中定义了新的函数，然后 A 返回这个新的函数。在新函数中，先处理一些事情，比如对参数进行检查或做一些其他的工作，再调原始的函数进行处理。这种模式可以看成，在调用函数前，通过 Decorator 技术进行一些处理。如果想在调用函数之后进行一些处理或者再进一步，可以根据函数的返回值进行一些处理：

```
def A(func):
    def new_func(*args, **argkw):
        result = func(*args, **argkw) #调用原函数继续进行处理
        if result:
            #做一些额外的工作
            return new_result
        else:
            return result
    return new_func
@A
def f(args):pass
```

（2）第 2 种调用对应的函数

针对第 2 种调用形式，如果 Decorator 在调用时使用了参数，那么 decorator() 函数只会使用这些参数进行调用，因此需要返回一个新的 decorator() 函数，这样就与第一种形式一致了。

```
def A(arg):
    def _A(func):
        def new_func(args):
            #做一些额外的工作
            return func(args)
        return new_func
    return _A
@A(arg)
def f(args):pass
```

可以看出 A(arg) 返回了一个新的 decorator _A。

9.2.4　修饰器的应用

Decorator 的魔力就是它可以对所修饰的函数进行加工，这种加工是在不改变原来函数代码的情况下进行的，并且修饰函数可以多层次任意组合和添加，和第 8 章所介绍的面向方面的编程颇有相通之处。

使用 Decorator 可以增加程序的灵活性，减少耦合度，适合使用在用户登录检查、日志处理等方面。这种通过函数之间相互结合的方式更符合搭积木的要求，可以把函数功能进一步分解，使得功能足够简单和单一，然后通过 Decorator 的机制灵活地把相关的函数串成一个串。

例如，一个多用户使用的程序会有很多功能跟权限相关，用户的权限各有不同，传统的方法是建立一个权限角色类，然后每个用户的权限角色都不相同，在各个功能模块里对用户权限进行管理，但是这种方法不但容易出错，而且对管理、修改都带来了很多麻烦。如果采用 Decorator，就可以解决这个问题。

应用 Decorator，关键之处是如何定义一个 decorator() 函数，通过 decorator() 函数的调用来处理用户权限的逻辑，可以先定义权限管理的类。例子 9.3 是 decorator() 函数定义的一个简单例子。

例子 9.3   decorator()函数的定义

```
01  >>>class Permission:
02      def __init__(self):
03          pass
04      def needUserPermission(self, function):
05          def new_func(*args, **kwargs):
06              obj = args[0]
07              if obj.user.hasUserPermission():
08                  ret = function(*args, **kwargs)
09              else:
10                  ret = "No User Permission"
11              return ret
12          return new_func
13
14      def needAdminPermission(self, function):
15          def new_func(*args, **kwargs):
16              obj = args[0]
17              if obj.user.hasAdminPermission():
18                  ret = function(*args, **kwargs)
19              else:
20                  ret = "No Admin Permission"
21              return ret
22          return new_func
```

例子 9.3 定义了一个类 Permission，提供了两个不同的 decorator() 函数：一个是针对管理员权限的，一个是针对普通用户权限的。这个函数定义的关键是返回值的处理（代码第 7~11 行）。当经过 hasUserPermission 或者 hasAdminPermission 判断一个用户拥有对应的权限时，decorator()函数会返回调用以它为修饰器的函数，否则返回一个告警提示。

要使用 Permission 作为修饰器，实现要实例化该类：

```
permission = Permission()
```

然后，在处理实际业务代码的时候，只要为需要的功能加上实际的权限限制 Decorator 就可以了：

```
class Action:
    def __init__(self, name):
        self.user = UserService.newUser(name)
    @permission.needUserPermission          #需要用户权限
    def listAllPoints(self):
        return "TODO: do real list all points"
    @permission.needAdminPermission         #需要管理员权限
    def setup(self):
        return "TODO: do real setup"
```

对业务方法的调用跟以前没有任何区别:

```
if __name__ == "__main__":
    action = Action('user')
    print(action.listAllPoints())          #将会执行真正的业务代码
    print(action.setup())                   #将会返回 "No Admin Permission"
```

从这个例子可以看出，相对于传统方法，Decorator 使用起来还是拥有很大优势的，可以使用户权限检查这些琐碎的工作和业务调用代码相剥离，并且能够检测函数方便地修饰到业务逻辑代码之上。

9.3 本章小结

本章主要介绍了迭代器、生成器、修饰器，其中生成器、修饰器都是 Python 3.X 支持的特性。在 Python 社区中，有不少人认为本章的这些概念带有过多的函数式的特性，影响了 Python 语言简单实用的风格。不过仔细了解这 3 个概念之后，就会发现这 3 个语言特性在某些情况下确实对编程很有帮助，能够帮助程序员更快更好地完成某些功能。

阅读完本章，请读者思考下列问题:

● 生成器的特点是什么？在什么情况下应该使用生成器？
● 修饰器是什么？它的优点在哪些方面？

第 10 章

◀ 多线程 ▶

我们在饭店聚餐时，多个人同时吃一道菜的时候容易发生争抢，例如上了一个好菜，两个人同时夹这个菜，一个人刚伸出筷子，结果伸到的时候已经被夹走了……怎么办呢？此时就必须等一个人夹完一口菜之后，另外一个人再夹菜，也就是说资源共享会发生冲突争抢，这就是多线程争抢资源的问题。

线程是一个单独的程序流程。多线程是指一个程序可以同时运行多个任务，每个任务由一个单独的线程来完成。如果程序被设置为多线程，可以提高程序运行的效率和处理速度。可以通过控制线程来控制程序的运行，如操作线程的阻塞、同步等。

本章的主要内容是：

● 线程的概念。

● 多线程机制。

● 如何进行多线程编程。

> 多线程的概念不太好理解，可以想想在生活中当资源共享出现冲突的时候怎么办，除了上面说的夹菜，还有公交车上的座位、多人在雨中叫出租车等。

10.1　线程的概念

多个线程可以同时在一个程序中运行，并且每一个线程完成不同的任务。

传统的程序设计语言同一时刻只能执行单任务操作，效率非常低。比如，如果网络程序在接收数据时发生阻塞（管道被堵住了），只能等到程序接收数据之后才能继续运行。随着Internet 的飞速发展，这种单任务运行的状况越来越不被接受，如果网络接收数据阻塞，后台服务程序就会一直处于等待状态而不能继续任何操作，这种阻塞情况经常发生，这时的 CPU资源完全处于闲置状况。

多线程实现后台服务程序可以同时处理多个任务，并不发生阻塞现象。多线程程序设计最大的特点就是能够提高程序执行效率和处理速度。Python 程序可同时并行运行多个相对独立的线程。例如，在开发一个 Email 系统时，通常需要创建一个线程来接收数据，另一个线程发送数据，即使发送线程在接收数据时被阻塞，接收数据线程仍然可以运行。

　　线程（Thread）是 CPU 分配资源的基本单位。一个程序开始运行，就变成了一个进程，而一个进程相当于一个或者多个线程。当没有多线程编程时，一个进程也是一个主线程，当有多线程编程时，一个进程包含多个线程（包括主线程）。使用线程可以实现程序的并发。

10.2　创建多线程

　　Python 3.X 实现多线程的是 threading 模块，使用它可以创建多线程程序，并且在多线程间进行同步和通信。因为是一个模块，所以使用前必须先导入：

```
import threading
```

Python 支持两种创建多线程的方式：

- 通过 threading.Thread()创建。
- 通过继承 threading.Thread 类创建。

10.2.1　通过 threading.Thread()创建

　　Thread()的语法如下：

```
threading.Thread(group=None, target=None, name=None, args=(), kwargs={}, *,
daemon=None)
```

- group：必须为 None，与 ThreadGroup 类相关，一般不使用。
- target：线程调用的对象，就是目标函数。
- name：为线程起个名字。默认是 Thread-x，x 是序号，由 1 开始，第一个创建的线程名字就是 Thread-1。
- args：为目标函数传递实参，元组。
- kwargs：为目标函数传递关键字参数，字典。
- daemon：用来设置线程是否随主线程退出而退出。

　　参数虽然很多，但是实际常用的是 target 和 args，可以用例子 10.1 来做演示。

例子 10.1　Thread()的用法

```
01  import threading              #导入模块
02
03  def test(x,y):                #定义测试函数
04    for i in range(x,y):
05      print(i)
```

```
06 thread1 = threading.Thread(name='t1',target=test,args=(1,10))
07 thread2 = threading.Thread(name='t2',target=test,args=(11,20))
08 thread1.start()                       #启动线程 1
09 thread2.start()                       #启动线程 2
```

第 8~9 行的 start()函数用来启动线程。如果按照先执行一段代码再执行一段代码的传统形式，那么上述代码应该是先输出 1~10 再输出 11~20，但是运行程序后效果却如图 10.1 所示。

```
========================= RESTART: D:/thread1.py =========================
1
>>> 20

221

322

423

524

625

7
8
9
```

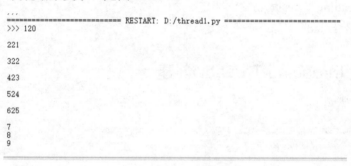

图 10.1　运行结果 1

再运行一次，发现结果变了（见图 10.2）。

```
========================== RESTART: D:/thread1.py ==========================
>>> 120

221

322

423

524

625

7
8
9
```

图 10.2　运行结果 2

这是因为两个线程会并发运行，所以结果不一定每次都是顺序的 1~10，这是根据 CPU 给两个线程分配的时间片段来决定的。多运行几次代码，就会发现每次效果都有所不同。

10.2.2　通过继承 threading.Thread 类创建

threading.Thread 是一个类，可以继承。例子 10.2 使用单继承的方式创建一个属于自己的类。

例子 10.2　单继承的方式

```
import threading

class mythread(threading.Thread):          #继承 threading.Thread 类
    def run(self):
        for i in range(1,10):
```

```
06          print(i)
07
08  thread1 = mythread();
09  thread2 = mythread();
10  thread1.start()
11  thread2.start()
```

第 3 行自定义一个类继承自 threading.Thread，然后重写父类的 run()方法，会在线程启动时（执行 start()）自动执行。如果把第 10~11 行的 start()换为 run()，就会发现 run()仅仅是被当作一个普通的函数使用。只有在线程 start 时，它才是多线程的一种调用函数。

> Python 的线程没有优先级，不能被销毁、停止、挂起，也没有恢复、中断，这和其他基础开发语言有所不同。

10.3　主线程

在 Python 中，主线程是第一个启动的线程。我们需要了解两个概念：

● 父线程：如果线程 A 中启动了一个线程 B，那么 A 就是 B 的父线程。

● 子线程：如果线程 A 中启动了一个线程 B，那么 B 就是 A 的子线程。

创建线程时有一个 daemon 属性，可以用来判断主线程。当 daemon 设置为 False 时，子线程不会随主线程退出而退出，主线程会一直等着子线程执行完。当 daemon 设置为 True 时，当主线程结束，其他子线程就会被强制结束。

使用 daemon 属性时有以下几个注意事项：

● daemon 属性必须在 start()之前设置，否则会引发 RuntimeError 异常。

● 每个线程都有 daemon 属性，可以显式设置，也可以不设置（取默认值 None）。

● 如果子线程不设置 daemon 属性，就取当前线程的 daemon 来设置。子线程继承子线程的 daemon 值，作用和设置 None 一样。

● 从主线程创建的所有线程不设置 daemon 属性，默认都是 daemon=False。

为了演示主线程的例子，我们需要学习一个 time 模块中的 sleep()函数（用于推迟线程的执行，默认时间是秒）。下面引入 time 模块来演示例子 10.3。

例子 10.3　主线程的例子

```
01  import time
02  import threading
03
```

```
04  def test():
05      time.sleep(10)                 #等待 10 毫秒
06      for i in range(10):
07          print(i)
08
09  thread1= threading.Thread(target=test, daemon=False)
10  thread1.start()
11
12  print('主线程完成了')
```

上述代码的执行结果如图 10.3 所示。

```
=========================== RESTART: D:\thread1.py ============================
主线程完成了
>>> 0
1
2
3
4
5
6
7
8
9
```

图 10.3   推迟线程的执行

当主线程完毕时，子线程依然会执行，就是输出 0~9。如果将第 9 行的 daemon=False 改为 daemon=True，那么程序应该只输出"主线程完成了"，因为主线程完成后会强制子线程退出，但实际效果却与图 10.3 一致，这又是为什么呢？

原来这样的测试并不适用于 IDLE 环境中的交互模式或脚本运行模式，因为在该环境中的主线程只有在退出 Python IDLE 时才终止，所以本例要换一种测试方法来测试 daemon=True 的情况。将上述代码保存为 thread1.py，然后打开命令行，执行下列命令：

```
python thread1.py
```

效果如图 10.4 所示：主线程退出后，子线程也跟着退出了，不会输出 0~9。

图 10.4   主线程和子线程都退出

10.4　阻塞线程

多线程提供了一个方法 join()，简单来说是一个阻塞线程。在一个线程中调用另一个线程的 join()方法，调用者将被阻塞，直到被调用线程终止。其语法是：

```
join(timeout=None)
```

timeout 参数指定调用者等待多久，没有设置时就一直等待被调用线程结束。其中，一个线程可以被 join 多次。例子 10.4 可以演示 join()的用法。

例子 10.4　join()的例子

```
01   import time
02   import threading
03
04   def test():
05      time.sleep(5)
06      for i in range(10):
07          print(i)
08
09   thread1= threading.Thread(target=test)
10   thread1.start()
11   print('主线程完成了')
```

前面学习 daemon 属性时已经提到，当取默认值或者设置为 False 时，主线程退出后子线程依然会执行。因为子线程当时设置了 sleep()，所以先执行了主线程的 print 输出，然后才输出 0~9。

此时，如果在第 10 行后面添加如下 join()方法：

```
thread1.join()
```

这样在输出时，主线程会等到输出 0~9 后再执行自己的 print 输出，效果如图 10.5 所示。

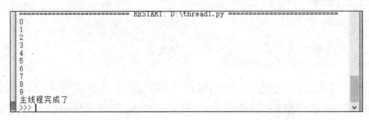

图 10.5　join()方法应用

10.5 判断线程是否是活动的

除了前面介绍的 join()，其实 threading.Thread 类还提供了很多方法，主要方法参见表 10-1 所示。

表 10-1　threading.Thread 类的方法

名称	说明
run()	用以表示线程活动的方法
start()	启动线程
join()	等待至线程中止
isAlive()	返回线程是否是活动的
getName()	返回线程名称
setName()	设置线程名称

run()、start()、join()在前面都介绍过，其他 3 个方法可以用例子 10.5 来说明。

例子 10.5　isAlive()、getName()、setName()的例子

```
01  import time
02  import threading
03
04  def test():
05      time.sleep(5)
06      for i in range(10):
07          print(i)
08
09  thread1= threading.Thread(target=test)
10  print('1.当前线程是否是活动的: ',thread1.isAlive())
11  thread1.start()
12  print('2.当前线程是否是活动的: ',thread1.isAlive())
13  print('当前线程',thread1.getName())
14  thread1.join()
15
16  print('线程完毕')
```

在第 10 行时，因为还没有使用 start()启动线程，所以当前线程不是活动的状态。执行到第 12 行时就输出了 True。第 13 行获取线程的名称，因为创建线程时没有使用 name 属性，所以线程的默认名字是 Thread-x 这种形式。本例效果如图 10.6 所示。

```
=========================== RESTART: D:\thread1.py =======
1.当前线程是否是活动的： False
2.当前线程是否是活动的： True
当前线程 Thread-1
0
1
2
3
4
5
6
7
8
9
线程完毕
```

图 10.6　线程的默认名字

在代码运行期间，也可以使用 setName()更改线程的名字。下面修改代码为例子 10.6。

例子 10.6　setName()的例子

```
01   import time
02   import threading
03
04   def test():
05     time.sleep(5)
06     for i in range(10):
07         print(i)
08
09   thread1= threading.Thread(target=test)
10   print('1.当前线程是否是活动的: ',thread1.isAlive())
11   thread1.start()
12   print('2.当前线程是否是活动的: ',thread1.isAlive())
13   thread1.setName("thread1")
14   print('当前线程',thread1.getName())
15   thread1.join()
16
17   print('线程完毕')
```

在第 13 行代码中设置线程名称为 thread1，整个程序的执行效果如图 10.7 所示。

```
=========================== RESTART: D:\thread1.py ===============
1.当前线程是否是活动的： False
2.当前线程是否是活动的： True
当前线程 thread1
0
1
2
3
4
5
6
7
8
9
线程完毕
```

图 10.7　修改线程的名字

10.6 线程同步

生活中经常会出现共享资源冲突的问题，例如在公共汽车上只有一个空座，两个人同时看到都想坐时，冲突产生了，因为只有一个人能坐在这个座位上。

Python 应用程序中的多线程可以共享资源，如文件、数据库、内存等。当线程以并发模式访问共享数据时，共享数据可能会发生冲突。Python 引入线程同步的概念，以实现共享数据的一致性。线程同步机制让多个线程有序地访问共享资源，而不是同时操作共享资源。

10.6.1 同步的概念

在线程异步模式的情况下，同一时刻有一个线程在修改共享数据、另一个线程在读取共享数据，当修改共享数据的线程没有处理完毕时读取数据的线程肯定会得到错误的结果。如果采用多线程的同步控制机制，当处理共享数据的线程完成处理数据之后，读取线程读取数据。

可以通过车站出售车票的例子来理解线程同步的概念。比如说武汉到北京的车票，在武昌、汉口、武汉以及市内车票代理点都可以出售武汉到北京的车票。我们将每一个站点看成一个线程。假设有两个站点，线程 Thread1 和线程 Thread2 都可以出售火车票，但是这个出售过程中会出现数据与时间信息不一致的情况。线程 Thread1 查询系统数据库，发现某张火车票 Ticket 可以出售，所以准备出售此票；此时线程 Thread2 也在数据库中查询存票，发现上面的火车票 Ticket 可以出售，所以线程 Thread2 将这张火车票 Ticket 售出；这时当线程 Thread1 执行时，它又卖出同样的票 Ticket。这样就出现了一张车票卖出两次的错误（以前铁路系统确实发生过这类错误），这是一个典型的由于数据不同步而导致的错误。

基本每种语言都会提供方案来解决这种因同步导致的错误，最常用的方案就是"锁"，简单来说就是锁住线程，只允许一个线程操作，其他线程排队等待，等当前线程操作完毕后再按排队顺序逐个操作。

10.6.2 Python 中的锁

Python 的 threading 模块提供了 RLock 锁（可重入锁）解决方案。某一时间只能让一个线程操作的语句放到 RLock 的 acquire()方法和 release()方法之间，即 acquire 相当于给 RLock 上锁、release 相当于解锁。例子 10.7 演示锁的使用。

例子 10.7　锁的演示

```
01    import threading
02
03    class mythread(threading.Thread):
04        def run(self):
05            global x                        #声明一个全局变量
```

```
06          lock.acquire()              #上锁
07          x += 10
08          print('%s:%d'%(self.name,x))
09          lock.release()              #解锁
10
11   x = 0                              #设置全局变量初始值
12   lock = threading.RLock()           #创建可重入锁
13   list1 = []
14   for i in range(5):
15       list1.append(mythread())       #创建 5 个线程，并把它们放到一个列表中
16   for i in list1:
17       i.start()                      #开启列表中的所有线程
```

代码首先定义了一个类 mythread，继承自 threading.Thread，然后重写父类的 run()方法，当线程启动时自动执行该方法。第 8 行输出线程名称和 x 的值。x 是全局变量，用 global 定义，作用域是整个代码执行期间，在第 11 行设置了 x 的初始值。

第 14~15 行使用 for...in 语句创建 5 个线程，第 17 行启动这 5 个线程，设置 x 的值并输出。为了保证输出正确（读取 x 的值时不产生错误），使用了 lock.acquire()和 lock.release()，将设置 x 值和读取 x 值的语句锁起来，以保证线程的同步，也就是数据的正确性。本例效果如图 10.8 所示。

```
======================== RESTART: D:\thread1.py ========================
>>> Thread-1:10
Thread-2:20
Thread-3:30
Thread-4:40
Thread-5:50
```

图 10.8　线程的同步

10.6.3　Python 中的条件锁

Python 的 threading 提供了一个方法 Condition()，一般称为 Python 中的条件变量。简单来说，这个条件变量必须与一个锁关联，所以也可以称为条件锁，一般用于比较复杂的同步。比如，一个线程在上锁后、解锁前，因为某一条件一直阻塞着，所以就一直解不开锁，其他线程也会因为一直获取不了锁而被迫阻塞着，从而导致"死锁"现象。这种情况下，变量锁可以让该线程先解锁，然后阻塞着，等待条件满足了再重新唤醒并获取锁（上锁）。这样就不会因为一个线程有问题而影响其他线程了。变量锁的使用方法一般是：

```
con = threading.Condition()
```

说 明

　　"死锁"是指两个或两个以上的线程或进程在执行程序的过程中因争夺资源而相互等待的一个现象。

条件锁常用的方法可参见表 10-2。

表 10-2 条件锁常用的方法

名称	说明
acquire([timeout])	调用关联锁的相应方法
release()	解锁
wait()	使线程进入 Condition 的等待池等待通知，并释放锁。使用前线程必须已获得锁定，否则将抛出异常
notify()	从等待池挑选一个线程并通知，收到通知的线程将自动调用 acquire()尝试获得锁定（进入锁定池）；其他线程仍然在等待池中。调用这个方法不会释放锁定。使用前线程必须已获得锁定，否则将抛出异常
notifyAll()	通知等待池中所有的线程，这些线程都将进入锁定池尝试获得锁定。调用这个方法不会释放锁定。使用前线程必须已获得锁定，否则将抛出异常

条件锁的原理跟设计模式中的生产者/消费者（Producer/Consumer）模式类似。了解了这个模式，也就了解了条件锁。顾名思义，生产者是一段用于生产的内容，生产的成果供消费者消费，这中间涉及一个缓存池（用来存储数据），一般称为仓库。生产者、仓库、消费者的关系如下：

- 生产者仅仅在仓库未满时生产，仓满则停止生产。
- 消费者仅仅在仓库有产品时才能消费，仓空则等待。
- 当消费者发现仓库没有产品可消费时会通知生产者生产。
- 生产者在生产出可消费产品时，应该通知等待的消费者去消费。

在例子 10.8 中，我们设计一个产品，用一个生产者类生产产品（产品数量+1），当产品数量到达 10 时，停止生产，再用一个消费者类来消费产品（产品数量-1）。

例子 10.8 join()的例子

```
01   import threading
02   import time
03
04   products = []
05   condition = threading.Condition()
06
07   class Consumer(threading.Thread):
08       def consume(self):
09           global condition
10           global products
11
12           condition.acquire()
13           if len(products) == 0:
14               condition.wait()
15               print("消费者提醒：没有产品去消费了")
16           products.pop()
17           print("消费者提醒：消费 1 个产品")
```

```
18              print("消费者提醒: 还能消费的产品数为"\
19                  + str(len(products)))
20              condition.notify()                      #通知
21              condition.release()                     #解锁
22      def run(self):
23          for i in range(0, 20):
24              time.sleep(4)                           #消费一个产品的时间
25              self.consume()
26
27  class Producer(threading.Thread):
28      def produce(self):
29          global condition
30          global products
31
32          condition.acquire()                         #设置条件锁
33          if len(products) == 10:
34              condition.wait()                        #等待
35              print("生产者提醒: 生产的产品数为"\
36                  + str(len(products)))
37              print("生产者提醒: 停止生产! ")
38          products.append(1)
39          print("生产者提醒:产品总数为"\
40              + str(len(products)))
41          condition.notify()                          #通知
42          condition.release()                         #解锁
43
44      def run(self):
45          for i in range(0, 20):
46              time.sleep(1)                           #生产一个产品的时间
47              self.produce()
48
49  producer = Producer()                               #生产者实例
50  consumer = Consumer()                               #消费者实例
51  producer.start()
52  consumer.start()
53  producer.join()                                     #阻塞线程
54  consumer.join()                                     #阻塞线程
```

上述代码用 time.sleep()来控制生产和消费的时间，1 秒生产一个产品，4 秒消费一个产品。当产品生产的数量到达我们设计的上限 10 时就停止生产，并调用 wait 等待线程通知；可消费的产品数量为 0 时就停止消费，并调用 wait 等待线程通知。

本例部分结果如下：

生产者提醒:产品总数为1

```
生产者提醒:产品总数为 2
生产者提醒:产品总数为 3
消费者提醒: 消费 1 个产品
消费者提醒: 还能消费的产品数为 2
生产者提醒:产品总数为 3
生产者提醒:产品总数为 4
生产者提醒:产品总数为 5
生产者提醒:产品总数为 6
消费者提醒: 消费 1 个产品
消费者提醒: 还能消费的产品数为 5
生产者提醒:产品总数为 6
生产者提醒:产品总数为 7
生产者提醒:产品总数为 8
生产者提醒:产品总数为 9
消费者提醒: 消费 1 个产品
消费者提醒: 还能消费的产品数为 8
生产者提醒:产品总数为 9
生产者提醒:产品总数为 10
消费者提醒: 消费 1 个产品
消费者提醒: 还能消费的产品数为 9
生产者提醒: 生产的产品数为 9
生产者提醒: 停止生产!
生产者提醒:产品总数为 10
消费者提醒: 消费 1 个产品
消费者提醒: 还能消费的产品数为 9
生产者提醒: 生产的产品数为 9
生产者提醒: 停止生产!
生产者提醒:产品总数为 10
消费者提醒: 消费 1 个产品
消费者提醒: 还能消费的产品数为 9
生产者提醒: 生产的产品数为 9
```

10.7 本章小结

在处理大批流程都类似的程序时，使用多线程可以有效地节省时间，耗费的不过是一些计算机资源，是典型的拿计算资源换时间。以目前计算机的性能来看，大多都是性能过剩的，利用剩余的计算资源，节省时间是非常合算的。

使用多线程（多进程）时，需要注意的是锁。使用锁来保护共享的资源、数据，避免被其他的线程（进程）破坏。一般使用互斥锁就可以应付大多数情况了。

第 11 章

◀ 文件与目录 ▶

os 模块和 shutil 模块是 Python 处理文件/目录的主要方式。特别是 os 模块,在写代码时经常性会用到,该模块提供了一种使用操作系统相关功能的便捷方式。shutil 模块是一种高级的文件/目录操作工具,强大之处在于对文件的复制及删除操作。

本章的主要内容是:

- os 模块:通过学习 os 模块相关函数,掌握文件的基本处理。
- shutil 模块:通过学习 shutil 模块相关函数,掌握文件和目录的复制、移动、删除、压缩、解压等高级处理。

11.1 文件的处理

os 模块提供一些便捷功能使用操作系统,比如读取某目录下的文件、在命令行查看某路径下文件的所有内容等。在本节我们将依次对 os 模块下常用的函数或属性等进行讲解。

11.1.1 获取系统类型

对代码进行兼容性开发以适应不同操作系统时,通过系统类型进行判断可以轻松地解决。

```
>>> import os
>>> os.name
'nt'
```

'nt'名称依赖于操作系统,nt 代表 Windows、posix 代表 Linux。有如下名称已经注册在 os 模块中:'posix'、'nt'、'ce'、'java'。因此可以轻易地根据 os.name 来判断操作系统。

```
>>> if os.name == 'nt':
    print('你的操作系统是 Windows!')
elif os.name =='posix':
```

```
        print('你的操作系统是 Linux')
else:
        print('你的操作系统是其他')
```

你的操作系统是 Windows!

如果想知道操作系统更详细的信息，可以使用 sys.platform。

```
>>> sys.platform
'win32'
```

11.1.2 获取系统环境

对系统环境变量进行相关设置时常常调用模块 environ 属性，如例子 11.1 所示。

例子 11.1 environ 属性

```
>>> import os

>>> os.environ
environ({'ALLUSERSPROFILE': 'C:\\ProgramData', 'APPDATA':
'C:\\Users\\tina\\AppData\\Roaming', 'COMMONPROGRAMFILES': 'C:\\Program
Files\\Common Files', 'COMMONPROGRAMFILES(X86)': 'C:\\Program Files
(x86)\\Common Files', 'COMMONPROGRAMW6432': 'C:\\Program Files\\Common Files',
'COMPUTERNAME': 'DESKTOP-B97M55J', 'COMSPEC': 'C:\\WINDOWS\\system32\\cmd.exe',
'DRIVERDATA': 'C:\\Windows\\System32\\Drivers\\DriverData',
'FPS_BROWSER_APP_PROFILE_STRING': 'Internet Explorer',
'FPS_BROWSER_USER_PROFILE_STRING': 'Default', 'HOME': 'C:\\Users\\tina',
'HOMEDRIVE': 'C:', 'HOMEPATH': '\\Users\\tina', 'LOCALAPPDATA':
'C:\\Users\\tina\\AppData\\Local', 'LOGONSERVER': '\\\\DESKTOP-B97M55J',
'NUMBER_OF_PROCESSORS': '2', 'ONEDRIVE': 'C:\\Users\\tina\\OneDrive', 'OS':
'Windows_NT', 'PATH':
'C:\\WINDOWS\\system32;C:\\WINDOWS;C:\\WINDOWS\\System32\\Wbem;C:\\WINDOWS\\Sy
stem32\\WindowsPowerShell\\v1.0\\;C:\\Program
Files\\nodejs\\;C:\\WINDOWS\\System32\\OpenSSH\\;C:\\Users\\tina\\AppData\\Loc
al\\Programs\\Python\\Python37\\Scripts\\;C:\\Users\\tina\\AppData\\Local\\Pro
grams\\Python\\Python37\\;C:\\Users\\tina\\AppData\\Local\\Microsoft\\WindowsA
pps;C:\\Users\\tina\\AppData\\Roaming\\npm;', 'PATHEXT':
'.COM;.EXE;.BAT;.CMD;.VBS;.VBE;.JS;.JSE;.WSF;.WSH;.MSC',
'PROCESSOR_ARCHITECTURE': 'AMD64', 'PROCESSOR_IDENTIFIER': 'AMD64 Family 16
Model 6 Stepping 2, AuthenticAMD', 'PROCESSOR_LEVEL': '16',
'PROCESSOR_REVISION': '0602', 'PROGRAMDATA': 'C:\\ProgramData', 'PROGRAMFILES':
'C:\\Program Files', 'PROGRAMFILES(X86)': 'C:\\Program Files (x86)',
'PROGRAMW6432': 'C:\\Program Files', 'PSMODULEPATH': 'C:\\Program
```

```
Files\\WindowsPowerShell\\Modules;C:\\WINDOWS\\system32\\WindowsPowerShell\\v1
.0\\Modules', 'PUBLIC': 'C:\\Users\\Public', 'SESSIONNAME': 'Console',
'SYSTEMDRIVE': 'C:', 'SYSTEMROOT': 'C:\\WINDOWS', 'TEMP':
'C:\\Users\\tina\\AppData\\Local\\Temp', 'TMP':
'C:\\Users\\tina\\AppData\\Local\\Temp', 'USERDOMAIN': 'DESKTOP-B97M55J',
'USERDOMAIN_ROAMINGPROFILE': 'DESKTOP-B97M55J', 'USERNAME': 'tina',
'USERPROFILE': 'C:\\Users\\tina', 'WINDIR': 'C:\\WINDOWS'})
    >>> env = os.environ

    >>> for e in env:
    ...:     print(e)
    ...:
ALLUSERSPROFILE
APPDATA
COMMONPROGRAMFILES
COMMONPROGRAMFILES(X86)
//省略部分代码
WINDIR
WINDOWS_TRACING_FLAGS
WINDOWS_TRACING_LOGFILE
_DFX_INSTALL_UNSIGNED_DRIVER

    >>> env['PATH']
    'C:\\WINDOWS\\system32;C:\\WINDOWS;C:\\WINDOWS\\System32\\Wbem;C:\\WINDOWS
\\System32\\WindowsPowerShell\\v1.0\\;C:\\Program
Files\\nodejs\\;C:\\WINDOWS\\System32\\OpenSSH\\;C:\\Users\\tina\\AppData\\Loc
al\\Programs\\Python\\Python37\\Scripts\\;C:\\Users\\tina\\AppData\\Local\\Pro
grams\\Python\\Python37\\;C:\\Users\\tina\\AppData\\Local\\Microsoft\\WindowsA
pps;C:\\Users\\tina\\AppData\\Roaming\\npm;'
```

从如上代码可以看出，os.environ 返回的系统环境变量是字典的形式。如果要获取具体环境变量的属性值，既可以直接索引输出，也可以使用方法 getenv()，比如 env['PATH']：

```
    >>> os.getenv('PATH')
    'C:\\WINDOWS\\system32;C:\\WINDOWS;C:\\WINDOWS\\System32\\Wbem;C:\\WINDOWS
\\System32\\WindowsPowerShell\\v1.0\\;C:\\Program
Files\\nodejs\\;C:\\WINDOWS\\System32\\OpenSSH\\;C:\\Users\\tina\\AppData\\Loc
al\\Programs\\Python\\Python37\\Scripts\\;C:\\Users\\tina\\AppData\\Local\\Pro
grams\\Python\\Python37\\;C:\\Users\\tina\\AppData\\Local\\Microsoft\\WindowsA
pps;C:\\Users\\tina\\AppData\\Roaming\\npm;'
```

11.1.3 执行系统命令

使用 os 模块 system()方法就可以执行 shell 命令，正常执行会返回 0。使用格式是

os.system("bash command")。演示如例子 11.2 所示。

例子 11.2　执行系统命令

```
>>> os.system('ping www.baidu.com ')

正在 Ping www.baidu.com [39.108.166.54] 具有 32 字节的数据:
来自 39.108.166.54 的回复: 字节=32 时间=38ms TTL=48
来自 39.108.166.54 的回复: 字节=32 时间=80ms TTL=48
来自 39.108.166.54 的回复: 字节=32 时间=41ms TTL=48
来自 39.108.166.54 的回复: 字节=32 时间=72ms TTL=48

39.108.166.54 的 Ping 统计信息:
    数据包: 已发送 = 4, 已接收 = 4, 丢失 = 0 (0% 丢失),
往返行程的估计时间(以毫秒为单位):
    最短 = 38ms, 最长 = 80ms, 平均 = 57ms
0

>>> os.popen('ping www.baidu.com').read()
'\n 正在 Ping www.baidu.com [39.108.166.54] 具有 32 字节的数据:\n 来自 39
.108.166.54 的回复: 字节=32 时间=46ms TTL=48\n 来自 39.108.166.54 的回复: 字节=32
 时间=50ms TTL=48\n 来自 39.108.166.54 的回复: 字节=32 时间=75ms TTL=48\n 来自 39.
108.166.54 的回复: 字节=32 时间=74ms TTL=48\n\n39.108.166.54 的 Ping 统计信
息:\n
    数据包: 已发送 = 4, 已接收 = 4, 丢失 = 0 (0% 丢失),\n 往返行程的估计时间(以
毫秒为单位):\n    最短 = 46ms, 最长 = 75ms, 平均 = 61ms\n'
```

在非控制台编写时，system()只会调用系统命令而不会执行，执行结果可通过 popen()函数返回 file 对象进行读取获得。

11.1.4　操作目录及文件

使用 os 模块操作目录和文件是 Python 开发最为常见的功能之一。熟练掌握它对于我们进行 Python 开发尤为重要。

1.获取当前目录

使用 os.getcwd()函数获取当前目录路径，即当前 Python 脚本工作的目录路径，该函数没有参数。

```
>>> import os

>>> os.getcwd()
```

```
'C:\\Users\\xxxx\\AppData\\Local\\Programs\\Python\\Python37'
```

2.更改目录

使用 os.chdir()函数更改当前脚本目录，相当于 shell 命令中的 cd，从函数名很容易理解它需要目标目录的路径作为参数，使用方法为 os.chdir（'目标路径'）。代码接上（后面不做说明）：

```
>>> os.chdir('E:')

>>> os.getcwd()
'E:\\'
```

从代码可以看出，目录由当前工作目录转到"E:\\"。

3.列举目录下的所有文件

os.listdir(path)函数可获得 path 下的所有文件，返回的是列表：

```
>>> os.listdir('E:\\testdir')
['index.html', 'one.txt', 'os.py']
```

 Windows 路径模式是双斜杠"\\"，不同于 Linux。

4.创建及删除目录

使用 os.mkdir(path)函数可创建单个目录，使用 os.makedirs(path)函数可创建多级目录。使用 os.rmdir()可删除单级空目录，若目录不为空则无法删除，参数为需删除的目录名称。使用 os.removedirs()可删除多级空目录，参数为需删除的目录名称或路径。例子 11.3 演示如何创建及删除目录。

例子 11.3　创建及删除目录

```
>>> os.mkdir('./dir1')

>>> os.makedirs('./dir1/dir2/dir3')

>>> os.listdir('dir1')
['dir2']

>>> os.rmdir('dir1')
-------------------------------------------------------------------
-
OSError Traceback (most recent call last)
<ipython-input-17-fc3e3e614220> in <module>()
```

```
----> 1 os.rmdir('dir1')

OSError: [WinError 145] 目录不是空的。: 'dir1'

>>> os.removedirs('./dir1/dir2/dir3')

>>> os.listdir('./dir1')
---------------------------------------------------------------------------
```
-
```
FileNotFoundError                       Traceback (most recent call last)
<ipython-input-19-9abfbda7d558> in <module>()
----> os.listdir('./dir1')

FileNotFoundError: [WinError 3] 系统找不到指定的路径。: './dir1'

>>> os.mkdir('dir1')

>>> os.rmdir('dir1')
```

5.重命名目录或文件

使用 os.rename()函数可重命名目录或文件，使用方法为：

```
os.rename("文件或者目录名称","要修改成的文件或目录名称")
```

例如：

```
>>> os.chdir('e:\\testdir')

>>> os.getcwd()
'E:\\testdir'

>>> os.listdir('.')
['index.html', 'one.txt', 'os.py']

>>> os.rename('one.txt','two.txt')

>>> os.listdir('.')
['index.html', 'os.py', 'two.txt']
```

6.获取绝对路径

使用 os.path.abspath(path)可获取 path 的绝对路径，一般情况下此处指相对路径。

```
>>> os.path.abspath('.')
'E:\\testdir'
```

```
>>> os.path.abspath('..')
'E:\\'
```

7.路径分解与组合

通过 os.path.split(path)函数将路径分解为(文件夹,文件名)，返回的是一个二元组。可以看出，若路径字符串最后一个字符是\，则只有文件夹部分有值；若路径字符串中均无\，则只有文件名部分有值。若路径字符串有\且不在最后，则文件夹和文件名均有值，且返回的文件夹结果不包含\。os.path.join(path1,path2,...)函数将 path 进行组合，若其中有绝对路径，则之前的 path 将被删除。具体如例子 11.4 所示。

例子 11.4　路径分解与组合

```
>>> os.path.split('D:\\flaskProject\\mergePic\\runserver.py')
('D:\\flaskProject\\mergePic', 'runserver.py')

>>> os.path.split('D:\\flaskProject\\mergePic\\')
('D:\\flaskProject\\mergePic', '')

>>> os.path.split('D:\\flaskProject\\mergePic')
('D:\\flaskProject', 'mergePic')

>>> os.path.join('D:\\flaskProject','mergePic')
'D:\\flaskProject\\mergePic'

>>> os.path.join('D:\\flaskProject','mergePic', 'hello.py')
'D:\\flaskProject\\mergePic\\hello.py'
```

8.返回目录和文件名

使用 os.path.dirname(path)函数可获取 path 中的文件夹部分，并且结果不包含 '\'，使用 os.path.basename(path)函数可获取 path 中的文件名，可参考例子 11.5。

例子 11.5　返回目录和文件名

```
>>> os.path.dirname('D:\\flaskProject\\mergePic\\hello.py')
'D:\\flaskProject\\mergePic'

>>> os.path.dirname('.')
''

>>> os.path.dirname('D:\\flaskProject\\mergePic\\')
'D:\\flaskProject\\mergePic'

>>> os.path.dirname('D:\\flaskProject\\mergePic')
```

```
'D:\\flaskProject'

>>> os.path.basename('D:\\flaskProject\\mergePic\\hello.py')
'hello.py'

>>> os.path.basename('.')
'.'

>>> os.path.basename('D:\\flaskProject\\mergePic\\')
''

>>> os.path.basename('D:\\flaskProject\\mergePic')
'mergePic'
```

9.判断及获取文件或文件夹信息

使用函数 os.path.exists(path)可判断文件或文件夹是否存在，如果存在就返回 True，否则返回 False。通过函数 os.path.isfile(path) 可判断路径是否为一个文件。通过函数 os.path.isdir(path)可判断路径是否为一个目录。通过函数 os.path.isabs(path)可判断路径是否是绝对路径。通过函数 os.path.getsize(path) 可获取文件或文件夹大小。通过函数 os.path.getctime(path)可获取文件或文件夹的创建时间、os.path.getatime(path)可获取文件或文件夹的最后访问时间、os.path.getmtime(path)可获取文件或文件夹的最后修改时间。这些获取时间的函数返回值都是从新纪元到代码执行时的秒数。具体的演示参见例子 11.6。

> 新纪元是指从协调世界时 1970 年 1 月 1 日 0 时 0 分 0 秒起到现在的总秒数，不包括闰秒。正值表示 1970 年以后，负值表示 1970 年以前。

例子 11.6　判断及获取文件或文件夹信息

```
>>> os.listdir('D:\\flaskProject\\mergePic')
['.git',
 '.gitignore',
 'lib',
 'PicMerge',
 'requirements.txt',
 'runserver.py',
 'uploadr']

>>> os.path.exists('D:\\flaskProject\\mergePic\runserver.py')
False

>>> os.path.exists('D:\\flaskProject\\mergePic\\runserver.py')
```

```
True

>>> os.path.exists('D:\\flaskProject\\mergePic\\Runserver.py')
True

>>> os.path.exists('D:\\flaskProject\\mergePic\\RunseRveR.PY')
True

>>> os.path.exists('D:\\flaskProject\\mergePic\\Runserver1.py')
False

>>> os.path.exists('D:\\flaskProject\\mergePic\\')
True

>>> os.path.exists('D:\\flaskProject\\mergePic')
True

>>> os.path.isfile('D:\\flaskProject\\mergePic\runserver.py')
False

>>> os.path.isfile('D:\\flaskProject\\mergePic\\runserver.py')
True

>>> os.path.isfile('D:\\flaskProject\\mergePic')
False

>>> os.path.isdir('D:\\flaskProject\\mergePic\\')
True

>>> os.path.isdir('D:\\flaskProject\\mergePic')
True

>>> os.path.isabs('D:\\flaskProject\\mergePic\\runserver.py')
True

>>> os.path.getsize('D:\\flaskProject\\mergePic\\runserver.py')
538

>>> os.path.getsize('D:\\flaskProject\\mergePic')
4096

>>> os.path.getctime('D:\\flaskProject\\mergePic\\runserver.py')
1487857915.8891466
```

```
>>> os.path.getatime('D:\\flaskProject\\mergePic\\runserver.py')
1487857915.8891466

>>> os.path.getmtime('D:\\flaskProject\\mergePic\\runserver.py')
1487584624.342
```

10. 表现形式参数

在 os 模块中定义了一些文件、路径在不同操作系统中的表现形式参数。

```
>>> os.sep
'\\'

>>> os.extsep
'.'

>>> os.pathsep
';'

>>> os.linesep
'\r\n'
```

上面介绍的只是 os 模块中较为常用的方法或属性，如果想了解更多，可查看源码或文档。接下来介绍 shutil 模块，也就是目录的处理。

11.2 文件和目录的高级处理

相比 os 模块，shutil 模块用于文件和目录的高级处理，提供了支持文件复制、移动、删除、压缩、解压等功能。

11.2.1 复制文件

shutil 模块的主要作用是复制文件。注意，在 Windows 控制台上演示这些函数的使用方法容易涉及权限的问题，但在 Linux 系统操作上可以更为直观地查看效果。

1. 一种覆盖形式的复制

shutil 提供了一个 copyfileobj(file1, file2)函数，功能是将 file1 的内容复制到 file2，而且会覆盖 file2 的内容。参数 file1、file2 表示打开的文件对象，并且 file2 必须是可写入的。

```
>>> import shutil
>>> f1 = open('file1.txt',encoding='utf-8')
```

```
>>> f2 = open('file2.txt','w',encoding='utf-8')
>>> shutil.copyfileobj(f1,f2)
```

2. 另一种覆盖形式的复制

shutil 还提供一个函数 copyfile(file1, file2)，无须打开文件，直接用文件名进行覆盖。从该函数源码可知它调用 shutil.copyfileobj()函数，返回 file2：

```
>>> shutil.copyfile('file1.txt', 'file3.txt')
'file3.txt'
```

3. 文件权限的复制

shutil 提供了一个函数 copymode(file1, file2)，仅复制文件权限，不更改文件内容、组和用户，无返回对象。

```
>>> shutil.copymode('file1.txt', 'file3.txt')
```

4. 文件状态的复制

shutil 的 copystat(file1, file2)用于复制文件的所有状态信息，包括权限、组、用户和时间等，无返回对象。

```
>>> shutil.copystat('file1.txt','file3.txt')
```

5. 一种文件的内容和权限的复制

shutil.copy(file1, file2)函数复制文件的内容以及权限，相当于先执行 copyfile()后再执行 copymode()，返回 file2。

```
>>> shutil.copy('file1.txt','file3.txt')
'file3.txt'
```

6. 另一种文件的内容和权限的复制

shutil.copy2(file1, file2)函数复制文件的内容以及文件的所有状态信息，相当于先执行 copyfile()再执行 copystat()，返回 file2。

```
>>> shutil.copy2('file1.txt','file3.txt')
'file3.txt'
```

7. 递归地复制文件内容及状态信息

shutil 提供了一个函数 copytree()，用来递归地复制文件内容及状态信息。

```
shutil.copytree(src,dst,symlinks=False,ignore=None,copy_function=copy2,ign
ore_dangling_symlinks=False)
```

copytree()的使用通过例子 11.7 来展示。

193

例子 11.7　shutil.copytree()的使用

```
>>> ls
 驱动器 C 中的卷是 system
 卷的序列号是 2496-FC22


C:\Users\Administrator\os-shutil 的目录


2018/04/23  17:20    <DIR>          .
2018/04/23  17:20    <DIR>          ..
2018/04/23  17:06                56 file1.txt
2018/04/23  17:12                 0 file2.txt
2018/04/23  17:06                56 file3.txt
               3 个文件            112 字节
               2 个目录 17,306,734,592 可用字节


>>> cd ..
C:\Users\Administrator


>>> shutil.copytree('os-shutil','os-shutil-cp')
'os-shutil-cp'
```

 对于文件复制功能，比如 shutil.copy()、shutil.copy2()等，都无法复制文件所有元数据。

11.2.2　移动文件

使用 shutil.move(src, dst, copy_function=copy2)函数可以递归地移动文件或重命名，并返回目标。若目标是现有目录，则 src 在当前目录移动；若目标已经存在且不是目录，则可能会被覆盖。移除文件的演示如例子 11.8 所示。

例子 11.8　移动文件

```
>>> import shutil

>>> import os

>>> os.listdir('.')
['file1.txt', 'file2.txt', 'file3.txt']

>>> shutil.move('file1.txt', 'file4.txt')
'file4.txt'

>>> os.listdir('.')
```

```
['file2.txt', 'file3.txt', 'file4.txt']
```

11.2.3　读取压缩及归档压缩文件

make_archive()函数用于创建归档文件，并返回归档后的名称，语法如下：

```
shutil.make_archive(base_name, format[, root_dir[, base_dir[, verbose[, dr
y_run[, owner[, group[, logger]]]]]]])
```

base_name 为需要创建的文件名称，包括路径，要减去任何特定格式的扩展名。format 可选项有 zip、tar 或 bztar 等，可以通过 shutil.get_archive_formats()获取支持的归档格式列表。root_dir 为归档文档的目录。读取压缩及归档压缩文件可通过例子 11.9 来展示。

例子 11.9　读取压缩及归档压缩文件

```
>>> ls .
 驱动器 C 中的卷是 system
 卷的序列号是 2496-FC22

 C:\Users\Administrator\os-shutil 的目录

2018/04/24  09:29    <DIR>          .
2018/04/24  09:29    <DIR>          ..
2018/04/23  17:12                 0 file2.txt
2018/04/23  17:06                56 file3.txt
2018/04/23  17:06                56 file4.txt
               3 个文件            112 字节
               2 个目录 17,314,975,744 可用字节


>>> shutil.make_archive('.','zip','.')
'C:\\Users\\Administrator\\os-shutil.zip'
```

11.2.4　解压文件

可以通过函数 shutil.unpack_archive(filename[,extract_dir[,format]]) 分拆归档。其中，filename 为归档的完整路径，extract_dir 为解压归档的目标目录名称，如果未提供就使用当前目录进行解压。格式是文件存档格式、zip、tar 或其他。解压文件的展示如例子 11.10 所示。

例子 11.10　解压文件

```
>>> os.listdir('e:\\testdir')
['index.html', 'os.py', 'two.txt']

>>> shutil.make_archive('.','zip','.')
'C:\\Users\\Administrator\\os-shutil.zip'
```

```
>>> shutil.unpack_archive('C:\\Users\\Administrator\\os-shutil.zip','e:\\t
  ...: estdir')

>>> os.listdir('e:\\testdir')
['file2.txt', 'file3.txt', 'file4.txt', 'index.html', 'os.py', 'two.txt
']
```

关于 shutil 模块就介绍到这里。当然，除了上述功能，shutil 模块还有获取终端窗口大小、引发同一文件异常等功能。

11.3 开始编程：文件处理实战

【本节代码参考：C11\dir_images.py】

我们利用本章所学的知识创建一个小应用。该应用在图片识别处理中常常会涉及，比如用于训练的图片库，首先得删除该图片库中的非图片文件，然后对这些图片按一定规律进行命名，以及创建图片的索引，便于图像识别程序能够根据索引文件进行处理。

创建一个文件 dir_images.py，输入如例子 11.11 所示的代码。

例子 11.11　文件处理实战

```
01  import os
02  import shutil
03  import time
04
05  # 可选的图片列表
06  IMG = ['jpg', 'jpeg', 'gif', 'png']
07
08  # 重命名图片及删除非图片文件
09  def rename_image(path):
10      global i  # 定义全局变量
11      if not os.path.isdir(path) and not os.path.isfile(path):  # 判断是否
是目录或文件
12          return False
13      if os.path.isfile(path):                    # 如果是文件
14          file_path = os.path.split(path)         # 分割出目录与文件名
15          lists = file_path[1].split('.')         # 分割出文件与文件扩展名
16          file_ext = lists[-1]                    # 取出后缀名
17          if file_ext in IMG:                     # 判断该后缀名是否是图片的后缀名
18              os.rename(path, file_path[0] + "/" + lists[0] + str(i) + '.'
+ file_ext)
19              i += 1
```

```
20          else:
21              print(file_path)
22              os.remove(os.path.join(file_path[0], file_path[1]))
23      elif os.path.isdir(path):                      # 如果是目录
24          for x in os.listdir(path):                 # 递归重命名程序
25              rename_image(os.path.join(path, x))
26
27  # 创建文本索引文件
28  def create_index(path):
29      if not os.path.isdir(path) and not os.path.isfile(path):    # 判断是否
是目录或文件
30          return False
31      if os.path.isdir(path):
32          lists = os.listdir(path)
33          with open(os.path.join(path, 'index.txt'), 'a+', encoding='utf-
8') as f:
34              for item in lists:
35                  f.write(item)
36                  f.write("\n")
37
38  # 压缩目录下的文件
39  def archive_dir(path):
40      shutil.make_archive(path, 'zip')
41
42  # 执行主函数
43  def main(path):
44      rename_image(path)
45      create_index(path)
46      archive_dir(path)
47
48  if __name__ == "__main__":
49      img_dir = input("请输入路径:")        # 取得图片文件夹路径，比如"E:\images"
50      start = time.time()                   # 计时
51      i = 0                                 # 初始化计算器 i 为 0
52      main(img_dir)
53      m = time.time() - start
54      print("程序运行耗时:%0.2f" % m)
55      print("总共处理了%d 张图片" % i)
```

以某主机为例，处理 E:\images 下的文件，目录如图 11.1 所示。

图 11.1　待处理目录 E:\images

执行结果如图 11.2 所示。

图 11.2　处理后的目录 E:\images

同时会在 images 同级目录下创建一个 images.zip。在 Windows cmd 中执行该代码可能会报 PermissionError 错误，这是权限问题，不影响我们所需的结果。

11.4　本章小结

日常编程时，处理数据是大多数情况，但文件的处理也是必不可少的。需要稍微注意的是不同的操作系统，路径分隔符也不一样，在文件处理中要考虑这种情况。可以使用 os.sep 来替代文件分隔符，避免因为操作系统而造成程序异常。另外，文件权限、文件和文件夹区别的问题也需要考虑。相对而言，在 Linux 下的文件处理可能会稍微简单一点。

第 12 章

◀ 正则表达式 ▶

正则表达式是用于处理字符串的强大工具，拥有自己独特的语法以及独立的处理引擎。它是计算机语言常会涉及的内容，在不同语言中会由不同的方式调用，在 Python 中是由 re 模块处理的。

本章的主要内容是：

- 正则表达式的介绍：主要从概念和构成进行讲解，从而能够正确使用正则表达式进行日常应用。
- Python 中的正则模块介绍：通过 re 模块的基础应用掌握 Python 处理字符串的方法。
- 常用正则表达式的使用：目的是熟练使用正则表达式进行字符串处理。

12.1 正则表达式简介

本节首先介绍正则表达式的基本概念（理解概念是学习正则表达式构成的基础），然后通过对正则表达式的构成讲解熟练掌握基本正则表达式的规则。

12.1.1 正则表达式概念

正则表达式作为计算机科学的一个概念，通常被用来检索、替换那些符合某个规则的文本。正则表达式是对字符串操作的一种逻辑公式，用事先定义好的规则字符串对字符串进行过滤逻辑处理。

从本质上讲，正则表达式是一种小型的、高度专业化的编程语言。在 Python 中，正则表达式通过 re 模块实现。正则表达式可以先给匹配的相应字符串集（该字符串集可能包含英文语句、e-mail 地址、shell 命令）指定规则，再通过 re 模块以某些方式来修改或分割字符串。

正则表达式模式先被编译成一系列的字节码，再由用 C 语言编写的匹配引擎执行，所以从某程度上说比直接写 Python 字符串处理代码快些，但是并非所有字符串处理都能用正则表达式完成。即使有些处理可以使用正则表达式完成，也会使表达式变得异常复杂，可读性很差，甚至过后连自己也看不懂了。碰到这种情况，建议编写 Python 代码，毕竟一段 Python 代码比一个精巧的正则表达式要更容易理解。

12.1.2　正则表达式构成

正则表达式由两种字符构成：一种是在正则表达式中具有特殊意义的"元字符"，另一种是普通字符。这里的"字符"可以是一个字符，如"^"；也可以是一个字符序列，如"\w"。表 12-1 列出 Python 支持的正则表达式元字符及语法。

表 12-1　正则表达式元字符及语法

语法	说明	表达式实例	实例匹配的字符串
一般字符	匹配自身	Abc	abc
.	匹配除了换行符"\n"以外的任意一个字符，在 DOTALL 模式中也能匹配换行符	a.c	aac/abc/acc
\	转义字符，使后一个字符串改变原来的意思，比如字符串中有"*"需要匹配，可以使用"*"或"[*]"	ab\.	ab.
[abcd]	匹配"a""b""c"或"d"	[abc]	a/b/c
[0-9]	匹配 0~9 中任意一个数字，等价于 [0123456789]	[0-3]	0/1/2/3
[\u4e00-\u9fa5]	匹配任意一个汉字	[\u4e00-\u9fa5]	匹/配/任/意/一/个/汉/字
[^a0=2]	匹配除"a""0""=""2"外的其他任意一个字符	[^a0=2]	b/c/1/4/^
[^a-z]	匹配除小写字母外的任意一个字符	[^a-z]	A/B/^
\d	匹配任意一个数字，相当于[0~9]	a\dc	a1c/a0c/a2c
\D	匹配任意一个非数字字符，相当\d 的取反，即[^0~9]	a\Dc	abc/adc/aec
\s	匹配任意空白字符，相当于[\r\n\f\t\v]	a\sb	a b/a　b
\S	匹配任意非空白字符，相当于\s 的取反，即[^\r\n\f\t\v]	a\Sc	abc/abbc
\w	匹配任意一个字母、数字或下划线，相当于[a-zA-Z0-9_]	a\wc	aac/a0c/a_c
\W	匹配任意一个非字母、数字或下划线，\w 的取反，相当于[^a-zA-Z0-9_]	a\Wc	a*c/a$c
*	匹配前一个字符 0 次或无限次	abc*	ab/abc/abccccc
+	匹配前一个字符 1 次或无限次	abc+	abc/abcc/abcccccccc
?	匹配前一个字符 0 次或 1 次	abc?	ab/abc
{m}	匹配前一个字符 m 次	ab{3}c	abbbc

（续表）

语法	说明	表达式实例	实例匹配的字符串
{m,n}	匹配前一个字符 m 到 n 次，m 和 n 可以省略：省略 m，则匹配 0 到 n 次；省略 n，则匹配 m 到无限次	ab{1,2}c	abc/abbc
^	匹配字符串的开始位置，不匹配任何字符	^abc	abc
$	匹配字符串的结束位置，不匹配任何字符	abc$	abc
\A	仅匹配字符串的开始位置	\Aabc	abc
\b	匹配\w 和\W 之间	a\b!bc	a!bc
\B	\b 的取反	a\Bbc	abc
\Z	仅匹配字符串的结束位置	abc\Z	abc
|	子表达式之间“或”关系匹配	abc|def	abc/def
(...)	匹配分组	(abc){3}	abcabcabc
(?P<name>...)	匹配分组，除了原有编号外再指定一个额外的别名	(?P<id>abc){2}	abcabc
\<number>	匹配引用编号为<number>的分组到字符串中	(\d)abc\1	1abc1/3abc3
(?P=name)	匹配引用别名为<name>的分组到字符串中	(?P<id>\d)abc(?P=id)	2abc2/4abc4
(?:...)	匹配不分组的(...)，后接数量词	(?:abc){2}	abcabc
(?iLmsux)	iLmsux 的每一个字符代表一个匹配模式，只能用于字符串的开始位置，可选多个	(?i)abc	AbC
(?#...)	#后的内容将作为注释被忽略	abc(?#comment)123	abc123
(?(id/name)yes-pattern|no-pattern)	匹配编号为 id 或别名为 name 的组，需要匹配 yes-pattern，否则需要匹配 no-pattern	(\d)abc(?(1)\d|abc)	1abc2/abcabc

从表 12-1 可以看出只是单一针对字符串匹配，可在实际应用中是多种单一匹配的组合，因此，建议读者认真掌握，以便在 Python 开发时能顺手拿来用上。对于读者而言，介绍这么多其实是很枯燥的，接下来将结合 Python 中的 re 模块进行讲解，以便于读者熟掌握。

12.2　re 模块的简单应用

本节主要介绍 re 模块的常用功能函数，然后通过这些函数调用正则表达式元字符及语法处理字符串。

Python 自 1.5 版本起才增加了 re 模块，它提供如 Perl 风格的正则表达式模式。可以在 Python 安装目录下 Lib 目录中找到 re.py 文件（re 模块）。

> 如果发现源代码有导入 regex 模块的方式，说明 Python 版本低于 1.5。

re 模块内嵌在 Python 中，因此可以直接导入。查看 re 版本及属性方法函数的方式如下：

```
>>> import re
>>>re.__version__
'2.2.1'
>>>re.__all__
[ "match", "search", "sub", "subn", "split", "findall", "compile", "purge",
"template", "escape", "I", "L", "M", "S", "X", "U", "IGNORECASE", "LOCALE",
"MULTILINE", "DOTALL", "VERBOSE","UNICODE", "error" ]
```

从上述代码可以看出，re 模块涉及的函数并不多，功能一是查找文本中的模式、二是编译表达式、三是多层匹配，同时还定义了一些常量。

查找文本中的模式主要使用 search()函数。该函数有 pattern、string、flags 共 3 个参数：pattern 表示编译时用的表达式字符串，string 表示用于匹配的字符串，flags 表示编译标志位，用于修改正则表达式的匹配方式，如是否区分大小写、多行匹配等，默认值为 0。常用的 flags 如表 12-2 所示。

表 12-2   常用的 flags 及其含义

标志	含义
re.S(DOTALL)	使 "."匹配包括换行在内的所有字符
re.I（IGNORECASE）	使匹配对大小写不敏感
re.L（LOCALE）	做本地化识别（locale-aware)匹配等
re.M(MULTILINE)	多行匹配，影响^和$
re.X(VERBOSE)	通过给予更灵活的格式以便将正则表达式写得更易于理解
re.U	根据 Unicode 字符集解析字符，影响\w、\W、\b、\B

re.search()函数通过模式（模板内容）和要扫描的文本作为输入，返回匹配对象。如果未找到匹配模式则返回 None。

```
>>> import re
>>> pattern = "模块"
>>> string = "如何学习 re 模块？多多实践操作！"
>>> match = re.search(pattern, string)
>>> match.start()
6
>>> match.end()
8
```

```
>>> string[6:8]
'模块'
>>> match
<_sre.SRE_Match object; span=(6, 8), match='模块'>
```

从如上代码可以看出 match 为返回的匹配对象，包含了有关匹配性质的信息。例如，使用匹配的正则表达式，模式在原字符串中出现的位置，具有 start()、end()、group()、span()、groups()等方法。start()方法返回匹配开始的位置；end()方法返回匹配结束的位置；group()方法返回被匹配的字符串；span()方法返回一个包含匹配（开始，结束）位置的元组；groups()方法返回一个包含正则表达式中所有小组字符串的元组，从 1 到所含的小组号，通常不需要参数，返回一个元组（元组中的元就是正则表达式中定义的组）。除此之外还有一个group(n,m)方法，返回组号为 n,m 所匹配的字符串，若组号不存在则报 indexError 错误。

```
>>> print(re.search("([0-9]*)([a-z]*)([0-9]*)",'123abc456').group(0))
123abc456
>>> print(re.search("([0-9]*)([a-z]*)([0-9]*)",'123abc456').group(1))
123
>>> print(re.search("([0-9]*)([a-z]*)([0-9]*)",'123abc456').group(2))
abc
>>> print(re.search("([0-9]*)([a-z]*)([0-9]*)",'123abc456').group(3))
456
>>> print(re.search("([0-9]*)([a-z]*)([0-9]*)",'123abc456').group())
123abc456
>>> print(re.search("([0-9]*)([a-z]*)([0-9]*)",'123abc456').groups())
('123', 'abc', '456')
```

编译正则表达式使用 compile()函数。该函数返回一个对象模式，有两个参数，分别为pattern、flags=0，其含义与 search()函数中介绍的一样。将正则表达式编译成正则表达式对象，可以提供执行效率。

```
>>> string ="如何学习 re 模块？如何学习 flask 开发，如何学习 Python 开发进行大数
    ...: 据开发？"
>>> pattern = re.compile('如何')
>>> match = pattern.search(string)
>>> print(match.group())
如何
```

上述代码通过 compile()编译'如何'字符串模式。通常编译的表达式都是程序频繁使用的表达式，这样编译起来会更为高效，当然也会开销一些缓存。使用已编译的表达式还有一个好处，即在加载模块时就编译所有表达式，而不是当程序相应用户动作时才进行编译。

函数 match()用在文本字符串的开始位置匹配。

```
>>> print(re.match('cn','cnwww.baidu.com').group())
```

```
cn
>>> print(re.match('cn','Cnwww.akaros.com', re.I).group())
Cn
```

 该方法并非完全匹配，比如 pattern 'cn' 只要匹配首次出现的 'cn' 即可，无须在乎其后是否有字符串。如果想全局匹配，可以在表达式末尾加上边界匹配符 '$'。

可以使用函数 findall()进行遍历匹配，获取字符串中所有匹配的字符串，返回一个列表。search()用于查找字符串的单个匹配，findall()函数的作用与参数跟 search()一样，但它返回所有匹配且不重叠的子字符串。

```
>>> string ='abbaaabbbbaaaaabbbaababcdabcdabdebababbddfedf'
>>> pattern = 'ab'
>>> match = re.findall(pattern, string)
>>> print(match)
['ab', 'ab', 'ab', 'ab', 'ab', 'ab', 'ab', 'ab', 'ab']
```

函数 finditer()的使用方式与 findall()差不多，也是 3 个参数，返回一个迭代器。它将生成 Match 实例，不像 findall()那样返回字符串。例子 12.1 将演示 finditer()的使用。

例子 12.1　finditer()的例子

```
>>> match = re.finditer(pattern, string)
>>> print(match)
<callable_iterator object at 0x03DF5FF0>

>>>    for i in match:
...:        print(i)
...:        print(i.group())
...:        print(i.span())
<_sre.SRE_Match object; span=(0, 2), match='ab'>
ab
(0, 2)
<_sre.SRE_Match object; span=(5, 7), match='ab'>
ab
(5, 7)
<_sre.SRE_Match object; span=(14, 16), match='ab'>
ab
(14, 16)
<_sre.SRE_Match object; span=(19, 21), match='ab'>
ab
(19, 21)
<_sre.SRE_Match object; span=(21, 23), match='ab'>
ab
```

```
(21, 23)
<_sre.SRE_Match object; span=(25, 27), match='ab'>
ab
(25, 27)
<_sre.SRE_Match object; span=(29, 31), match='ab'>
ab
(29, 31)
<_sre.SRE_Match object; span=(34, 36), match='ab'>
ab
(34, 36)
<_sre.SRE_Match object; span=(36, 38), match='ab'>
ab
(36, 38)
```

除了上述介绍的查找、编译、匹配，还可以利用 re 模块的 split()方法进行分割、sub()和 subn()进行替换。

● re.split()按照能够匹配的子字符串将需匹配的字符串进行分割，返回列表，参数有 pattern、string 等。

```
>>> print(re.split('\d+','wo1men2shi3hao4peng5you6'))
['wo', 'men', 'shi', 'hao', 'peng', 'you', '']
```

● re.sub()使用 pattern 替换 string 中每一个匹配的子串后返回替换后的字符串。格式为 re.sub(pattern, repl, string, count)。
● re.subn()返回替换次数。

```
>>> string = "学 无 止 镜"
>>> print(re.sub(r'\s+', '-', string))
学-无-止-镜
>>> print(re.subn('[1-2]', '学习', '123456^%$#@!1qaz2wsx3edc4rfv'))
('学习学习3456^%$#@!学习qaz学习wsx3edc4rfv', 4)
```

关于 re 模块的应用就介绍到这里，事实上正则表达式远不止这么简单，不过掌握上面介绍的方法后，一般字符串正则处理还是比较容易解决的。

12.3 常用正则表达式

前面介绍 re.compile()函数时讲过，使用该函数预先编译好的正则表达式（一般适于常用的正则表达式）来提高执行效率。

在正则表达式元字符及语法中，我们以表格的形式列举了正则表达式的基本格式及语法。本节的常用正则表达式无非就是在元字符及语法的基础上进行扩展应用。

12.3.1 常用数字表达式的校验

数字表达式校验主要针对文本中出现的数字进行正则表达式的匹配，下面将讲解一些常用的表达式，并使用 re 模块对其进行处理演示。

1. ^[0-9]*$

从表 12-1 可以看出，'^' 匹配开始字符串开始位置，'[0-9]' 匹配 0~9 中任意一个数字，'*' 匹配前一个字符 0 次或无限次，'$' 匹配字符的结束位置。综上所述，该表达式是用来匹配数字的，可以是 2，也可以是 2222222222222222222222。

```
>>> import re
>>> num = re.search('^[0-9]*$', '123')
>>> print(num.group())
```

2．^\d{n}$

该表达式匹配的是 n 位数字。

```
>>> num = re.findall('^\d{3}$','224')
>>> num
['224']
```

3. ^\d{n,}$

该表达式匹配的是至少 n 位数字。

```
>>> num = re.findall('^\d{3,}$', '4353')

>>> num
['4353']
```

4. ^\d{m,n}$

该表达式匹配 m 到 n 的数字，n 大于 m。

```
>>> num = re.findall('^\d{3,5}$', '4353')

>>> num
['4353']
```

5. ^([1-9][0-9]*)+(.[0-9]{1,2})?$

该表达式匹配最多带两位小数的数字。^([1-9][0-9]*)$匹配的是非零开头的数字，而^(.[0-9]{1,2})?$匹配的是最多带两位小数的数字。

```
>>> num = re.findall('^([1-9][0-9]*)+(.[0-9]{1,2})?$', '234.34')
```

```
>>> num
[('234', '.34')]
```

 通过 '()' 分组得到的返回值是不同的。后面的代码会进行演示。

6. ^[0-9]+(.[0-9]{1,3})?$

该表达式匹配 1~3 位小数的正实数。

```
>>> num = re.findall('^[0-9]+(.[0-9]{1,3})?$', '233.23')
>>> num
['.23']
>>> num = re.findall('^([0-9])+(.[0-9]{1,3})?$', '233.23')
>>> num
[('3', '.23')]
```

两次模式不同的地方就是是否有 '()'，得到的结果有所不同。

7. ^[1-9]\d*$

该表达式匹配非零的正整数，注意 '*' 匹配的是前一个字符，而且匹配非零正整数的表达式可以有多种表现形式，比如^\+?[1-9][0-9]*$。

```
>>> num = re.findall('^[1-9]\d*$', '344')
>>> num
['344']
>>> num = re.findall('^\+?[1-9][0-9]*$', '344')
>>> num
['344']
```

常用数字表达式有很多，本小节就介绍到这里。读者可以举一反三，解决更多的相关问题。

12.3.2　常用字符表达式的校验

在文本分析中，常常会涉及字符表达式的处理，比如提取某些汉字、对长度为多少的字符进行删除等。接下来我们将以一些基本的字符表达式进行阐述。

1. 汉字的匹配

在 Python 2.X 中匹配需转化 UTF-8 编码，在 Python 3.X 中则无须考虑这个问题。汉字的编码范围为\u4e00 ~ \u9fa5。如果想匹配 1~3 个汉字的字符串，如何操作呢？

```
>>> import re
>>> test="my name is 你好吗, how are you?"
```

```
>>> result = re.findall('[\u4e00-\u9fa5]{1,3}',test)
>>> result
['你好吗']
```

2. 英文和数字的匹配

英文和数字的匹配可以使用^[A-Za-z0-9]+$，如果想抽取某些字符串文本的英文数字该如何操作呢？例子 12.2 演示一下英文和数字的匹配。

例子 12.2　英文和数字的匹配

```
>>> test = "我的名字是张三丰，我的吉祥数字是 886, Hai!"
>>> result = re.findall('[A-Za-z0-9]+',test)
>>> result
['886', 'Hai']
>>> result = re.findall('[A-Za-z]+',test)
>>> result
['Hai']
>>> result = re.findall('[A-Z]+',test)
>>> result
['H']
>>> result = re.findall('[a-z0-9]+',test)
>>> result
['886', 'ai']
>>> result = re.findall('[A-Z0-9]+',test)
>>> result
['886', 'H']
```

3. 中文、英文、数字和某些字符的匹配

● 匹配由数字、26 个英文字母或者下划线组成的字符串可以使用^\w+$。

● 匹配中文、英文、数字包括下划线可以使用^[\u4E00-\u9FA5A-Za-z0-9_]+$。

● 匹配中文、英文、数字但不包括下划线等符号可以使用^[\u4E00-\u9FA5A-Za-z0-9]+$。

● 匹配可以输入含有^%&',;=?$\"等字符的表达式可用[^%&',;=?$\x22]+。

```
>>> test ="Wo name is 张三丰，可以这样拼：Zhang_san_feng,我的手机号是 86-1
...: 23123XXX"
>>> result = re.findall('[\u4E00-\u9FA5A-Za-z0-9_]+',test)
>>> result
['Wo', 'name', 'is', '张三丰', '可以这样拼', 'Zhang_san_feng', '我的手
机号是 86', '123123XXX']
```

从代码结果看出，对文本的处理是以空格作为分隔符的，根据匹配规则可以得知 "-" 是无法匹配的，因此返回的结果不会出现 "-"。

12.3.3　特殊需求表达式的校验

在网站注册页面上常常会出现输入用户名、密码及 E-mail 等，当输入的邮箱不含 "@" 符号时，网页就会提示输入 E-mail 地址错误，这个过程其实就是一个正则表达式的处理。下面就这些特殊需求的表达式校验进行一个总结。

1. E-mail 地址

E-mail 处理的表达式使用方式为^\w+([-+.]\w+)*@\w+([-.]\w+)*\.\w+([-.]\w+)*$ 。例子 12.3 演示该表达如何验证输入的 E-mail 是否正确。

例子 12.3　E-mail 地址的校验

```
>>> import re
>>> test = "nontom@gmail.com"
>>> test1 = "nontomgmail.com"
>>> test2 = "nontom@gmail"
>>> result = re.match('^\w+([-+.]\w+)*@\w+([-.]\w+)*\.\w+([-.]\w+)*$',test)
   ...:
>>> print(result.group())
nontom@gmail.com
>>> result = re.match('^\w+([-+.]\w+)*@\w+([-.]\w+)*\.\w+([-
.]\w+)*$',test1)
>>> print(result.group())
-------------------------------------------------------------------------------
-

AttributeError                          Traceback (most recent call last)
<ipython-input-9-666d063f295f> in <module>()
----> 1 print(result.group())

AttributeError: 'NoneType' object has no attribute 'group'

>>> result = re.match('^\w+([-+.]\w+)*@\w+([-.]\w+)*\.\w+([-.]\w+)*$',test
   ...: 2)

>>> print(result.group())
-------------------------------------------------------------------------------
-

AttributeError                          Traceback (most recent call last)
<ipython-input-13-666d063f295f> in <module>()
----> 1 print(result.group())

AttributeError: 'NoneType' object has no attribute 'group'
```

从上述代码就可以看出，对于 test1 和 test2，由于它不是标准的 E-mail，不匹配正则表达式规则^\w+([-+.]\w+)*@\w+([-.]\w+)*\.\w+([-.]\w+)*$ ，因此执行它会报 AttributeError 错误。

2. 域名

我们所看到的 baidu.com 就是所谓的域名，判断是否是一个有效的域名正则表达式是 (?i)^([a-z0-9]+(-[a-z0-9]+)*\.)+[a-z]{2,}$ 。若想在一段长文本中找到有效的域名，则可使用 (?i)\b([a-z0-9]+(-[a-z0-9]+)*\.)+[a-z]{2,}\b。

```
>>> test = "baidu.com"
>>> result = re.match('(?i)^([a-z0-9]+(-[a-z0-9]+)*\.)+[a-z]{2,}$',test)
>>> print(result.group())
baidu.com
```

3. 手机号码

中国的手机号码为 11 位，而且一般是以 13、14、15、17、18 等开头，因此可以确定的是开头为 1，第二位为 3、4、5、7、8，则其表达式可为 1[3458]\\d{9}。

```
>>> test = "12315632143 13213213211 54234432521 14345433333 182345345654"
>>> result = re.findall('1[3458]\\d{9}', test)
>>> result
['13213213211', '14345433333', '18234534565']
```

4. 身份证号

一般身份证号码为 15 位或 18 位。15 位的以 xxxxxxYYMMddxxx 形式出现，前六位表示地区，YY 表示年份，MM 表示月份，dd 表示天数，接着的 xx 表示顺序码，最后的 x 表示校验码，正则表达式则为^[1-9]\d{5}\d{2}((0[1-9])|(10|11|12))(([0-2][1-9])|10|20|30|31)\d{2}$。18 位的以 xxxxxxYYYYMMddxxxx 形式出现，年份是四位的，顺序码是三位的，而且校验码可以取 x 或 X，正则表达式为 ^[1-9]\d{5}(18|19|([23]\d))\d{2}((0[1-9])|(10|11|12))(([0-2][1-9])|10|20|30|31)\d{3}[0-9Xx]$，最后综合为(^[1-9]\d{5}(18|19|([23]\d))\d{2}((0[1-9])|(10|11|12))(([0-2][1-9])|10|20|30|31)\d{3}[0-9Xx]$)|(^[1-9]\d{5}\d{2}((0[1-9])|(10|11|12))(([0-2][1-9])|10|20|30|31)\d{2}$)。

```
>>> r = r'^([1-9]\d{5}[12]\d{3}(0[1-9]|1[012])(0[1-9]|[12][0-9]|3[01])\d{3
...:  }[0-9xX])$'
>>> result = re.findall(r, '43052419020202000x')
>>> result
[('43052419020202000x', '02', '02')]
```

5.邮政编码

中国的邮政编码是 6 位，相比来说它的正则表达式比较简单，为[1-9]\d{5}(?!\d) 。

```
>>> test = "12343 234532 34533 532345"
>>> result = re.findall('[1-9]\d{5}(?!\d)',test)
```

```
>>> result
['234532', '532345']
```

6.空白正则表达式

在文本处理中常常需要进行删除空白行、删除行首尾空白等操作。空白行的正则表达式为\n\s*\r ，首尾空白字符的正则表达式为^\s*|\s*$或(^\s*)|(\s*$)。

```
>>> rest = "              好好学习正则表达式对你进行某些数据正确与否分析显得
    ...: 很重要的
    ...:   "
>>> result = re.sub('\s*|\s*','',rest)

>>> result
'好好学习正则表达式对你进行某些数据正确与否分析显得很重要的'
```

常用正则表达式就介绍到这里，读者可以根据自己的开发需要进行相应的正则表达式的总结和收藏，以便于后续的开发引用。

12.4　本章小结

正则表达式 re 模块在 Python 中虽然体积不大，但是地位非常重要。Python 的 re 模块功能只有一个——过滤，从目标中过滤出所需的数据。通过函数组合，可以从字符串中过滤出任何特征的数据。

第 13 章

◀ 网络编程 ▶

网络编程属于 Python 非常重要的内容，我们使用 Python 进行项目实战开发时无不涉及网络编程。Python 提供网络底层接口的主要来自 socket 模块，而且适用于各种主流系统平台。当然某些特性的调用可能会使用操作系统的 socket APIs 进行。

本章的主要内容是：

● 网络编程理论：通过对网络协议、IP 地址和端口、socket 的讲述来增强对网络知识的了解，明白网络通信是如何进行操作的。

● TCP：讲述 TCP，用示例演示如何实现 TCP 服务端及客户端，完成对网络之间数据流的传输。

● UDP：讲述 UDP，用示例演示如何实现 UDP 服务端及客户端，完成基于 UDP 网络数据的传输。

13.1 网络编程理论基础

网络编程的理论基础是网络通信（在一系列网络协议中进行）。TCP/IP 协议可以说是我们最为熟知的网络协议。

13.1.1 网络协议

网络协议是计算机网络数据进行彼此交换而建立起的规则、标准或约定的集合。通俗地说就是计算机网络中设备彼此之间交流的方式，正如我们交流使用的普通话，就是一种网络协议。网络协议由 3 部分组成：语义、语法、时序。其中，语义用来解释控制信息每个部分的意义；语法是用户数据与控制信息的结构与格式，以及数据出现的顺序；时序是对事件发生顺序的详细说明。可以这样形象地描述：语义表示要做什么，语法表示要怎么做，时序表示做的顺序。

基于网络节点之间联系的复杂性，在制定网络协议时，会通过一些层次结构来简化彼此之间的联系。国际标准化组织（ISO）在 1978 年提出了"开放系统互联参考模型"，即著名的 OSI/RM 模型（Open System Interconnection/Reference Model）。它将网络协议划分为七层，自下而上依次为：物理层（Physics Layer）、数据链路层（Data Link Layer）、网络层（Network Layer）、传输层（Transport Layer）、会话层（Session Layer）、表示层（Presentation Layer）、应用层（Application Layer），具体如表 13-1 所示。

表 13-1　计算机网络协议 OSI/RM 模型

层　次	名称	功能描述
第 7 层	应用层（Application）	负责网络中应用程序与网络操作关系之间的联系，例如：建立和结束使用者之间的连接，管理建立相互连接使用的应用资源
第 6 层	表示层（Presentation）	用于确定数据交换的格式，它能够解决应用程序之间在数据格式上的差异，并负责设备之间所需要的字符集和数据的转换
第 5 层	会话层（Session）	用户应用程序与网络层接口，它能够建立与其他设备的连接（会话），并且能够对会话进行有效的管理
第 4 层	传输层（Transport）	提供会话层和网络层之间的传输服务，该服务从会话层获得数据，必要时对数据进行分割，然后将数据传递到网络层，并确保数据能正确无误地传送到网络层
第 3 层	网络层（Network）	能够将传输的数据封包，然后通过路由选择、分段组合等控制，将信息从源设备传送到目标设备
第 2 层	数据链路层（Data Link）	主要是修正传输过程中的错误信号，它能够提供可靠的通过物理介质传输数据的方法
第 1 层	物理层（Physical）	利用传输介质为数据链路层提供物理连接，规范了网络硬件的特性、规格和传输速度

网络协议中最为重要的无非是 TCP/IP 协议，它是互联网的基础协议，没有它，就无法上网聊天看视频了。当然，除了这些还有 UDP、ICMP、HTTP、DNS 协议等，如果想了解更多的内容，建议查看相关协议文档。

TCP/IP 协议不是 TCP 和 IP 协议的合称，是因特网整个网络 TCP/IP 协议簇。这个协议簇的体系结构并不完全符合 OSI 七层参考模型，由 4 个层次组成：网络接口层、网络层、传输层、应用层。与 OSI 模型对应关系如表 13-2 所示。

表 13-2　TCP/IP 结构与 OSI 模型结构对应关系

TCP/IP	OSI
应用层（Telnet、FTP、HTTP、DNS、SNMP 和 SMTP 等）	应用层
	表示层
	会话层
传输层（TCP 和 UDP）	传输层
网络层（IP、ICMP 和 IGMP）	网络层
网络接口层（以太网、令牌环网、FDDI、IEEE802.3 等）	数据链路层
	物理层

至于每层的功能及其包含的协议定义，请查找相关资料进行了解。

13.1.2　IP 地址与端口

IP（Internet Protocol）是计算机网络相互连接进行通信而设计的协议，位于 TCP/IP 协议簇结构体系网络层中。它是所有计算机网络实现相互通信的一套规则，规定了计算机在因特网上进行通信时应当遵守的规则。因此，任何计算机系统只要遵守 IP 协议就可以与因特网互连互通。也正是如此，因特网才得以迅速发展成为世界上最大的、开放的计算机通信网络。IP 协议也可以叫作"因特网协议"。

IP 协议是利用 IP 地址在主机之间传递信息，这是因特网能够运行的基础。因特网每一台主机都有一个唯一的 IP 地址。IP（指 IPv4）地址的长度为 32 位（共有 2^32 个 IP 地址），分为 4 段，每段 8 位，用十进制数字表示，每段数字范围为 0～255，段与段之间用句点隔开，比如 172.168.1.100。IP 地址由网络标识号码与主机标识号码两部分组成，因此 IP 地址可分为两部分，一部分为网络地址，另一部分为主机地址。IP 地址分为 A、B、C、D、E 五类，适用的类型分别为大型网络、中型网络、小型网络、多目地址、备用，常用的是 B 和 C 两类。

可以在网络和共享中心打开"本地连接→详细信息"查看，如图 13.1 所示。

图 13.1　IP 地址查看方式一

也可以输入 cmd 进入控制台，然后输入 ipconfig 查看，如图 13.2 所示。

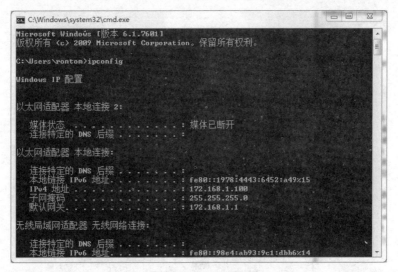

图 13.2　IP 地址查看方式二

IP 地址使用纯数字的话不便于记忆，通常会使用主机名来代替 IP 地址，比如输入 baidu.com 就可以访问百度了，至于 baidu.com 是如何解析到 IP 地址的就涉及前面所讲的 DNS 协议了。

端口（既可是指硬件接口，也可是 TCP/TIP 协议中的端口）是计算机与外界进行通信交流的出口。这里讲述的端口是指网络中进行通信的通信协议端口，是一种抽象的软件结构，包含一些数据结构和基本输入输出缓冲区。端口号的范围为 0~65535，任何由 TCP/IP 提供的服务皆基于 1~1023 之间的端口号进行通信，由 IANA 分配管理。其中，低于 255 的端口号保留，用于公共应用；255 到 1023 的端口号用于特殊应用；高于 1023 的端口号称为临时端口号，常用于软件服务。

常用的保留 TCP 端口号有 HTTP 80、FTP 20/21、Telnet 23、SMTP 25、DNS 53 等。

13.1.3　socket 套接字

socket 是网络通信端口的一种抽象，具体来说就是两个程序通过一个双向通信连接实现数据的交换，而这个连接的一端就是一个 socket。socket 也称作"套接字"，用于描述 IP 地址和端口，是一个通信链的句柄，可以用来实现不同计算机之间的通信。可以形象地描述 socket 为一个多孔插座，不同编号的插座得到不同的服务。

socket 是应用层与 TCP/IP 协议簇通信的中间软件抽象层，是架在应用层与传输层之间的桥梁。socket 在 TCP/IP 协议簇中的位置示意图如 13.3 所示。

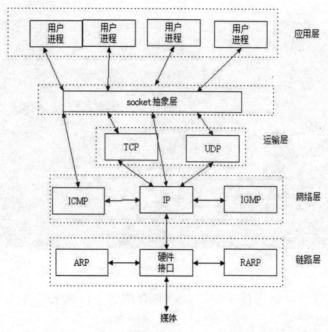

图 13.3　socket 在 TCP/IP 协议簇中的位置示意图

在 Python 中，可通过 socket 模块（提供了一个底层的 C API）实现网络通信。从该模块源码可以看出，它提供了一系列函数、特殊对象、类常量等。其中，socket 类是该模块中最为重要的概念。

注意

> socket 模块提供了一个 socket 类，小写，正常情况下是以大写定义类名称的。

socket 类定义如下：

```
class socket(_socket.socket):
    def __init__(self, family=AF_INET, type=SOCK_STREAM, proto=0, fileno=None):
        pass
```

从定义来看，socket 类是_socket.socket 的子类，根据给定的地址簇、套接字类型和协议号创建一个新的 socket。套接字是通过地址簇（address family，控制所用 OSI 网络层协议）和套接字类型（socket type，控制传输层协议）两个主要属性来控制如何发送数据的。

套接字地址簇的可取值有 AF_INET（默认）、AF_INIET6、AF_UNIX、AF_CAN 或 AF_RDS 等。常用的是 AF_INET，用于 IPv4 Internet 寻址。AF_INIET6 用于 IPv6 Internet 寻址。AF_UNIX 是 UNIX 域套接字（UDS）的地址簇，是一种 POSIX 兼容系统上的进程间通信协议。UDS 的实现通常允许操作系统直接从进程向进程传递数据而不需要通过网络栈，因此这比 AF_INET 更为高效。

> AF_UNIX 常量仅在支持 UDS 的系统上定义。其他地址簇不太常用，这里不做介绍。

套接字类型可以为 SOCK_STREAM（默认）、SOCK_DGRAM、SOCK_RAW 或者其他 SOCK_ 中的某个常量。SOCK_STREAM 对应传输控制协议（TCP）。TCP 传输需要握手或其他设置过程，因此能够确保每条消息只传送一次，而且是按正确顺序传送，从而增加了可靠性，不过会引入额外的延迟。UDP 则相反，传送没有顺序，并且可能多次传送或者不传送，适用于对顺序不太重要的协议或者用于广播。

> 协议编号 proto 通常为零，可以省略。

由 socket 类创建的 socket 对象具有一系列方法及属性。以变量 sock 作为返回对象进行总结，如表 13-3 所示。

表 13-3　套接字方法/属性及其描述

名称	描述
服务器套接字方法	
sock.bind()	将地址（主机名、端口号对）绑定到套接字上
sock.listen()	设置并启动 TCP 监听器
sock.accept()	被动接受 TCP 客户端连接，一直等待直到连接到达（阻塞）
客户端套接字方法	
sock.connect()	主动发起 TCP 服务器连接
sock.connect_ex()	connect()的扩展版本，此时会以错误码的形式返回问题，而不是抛出一个异常
普通的套接字方法	
sock.recv()	接收 TCP 消息
sock.recv_into()	接收 TCP 消息到指定的缓冲区
sock.send()	发送 TCP 消息
sock.sendall()	完整地发送 TCP 消息
sock.recvfrom()	接收 UDP 消息
sock.recvfrom_into()	接收 UDP 消息到指定的缓冲区
sock.sendto()	发送 UDP 消息
sock.getpeername()	连接到套接字（TCP）的远程地址
sock.getsockname()	当前套接字的地址
sock.getsockopt()	返回给定套接字选项的值
sock.shutdown()	关闭连接
sock.share()	复制套接字并准备与目标进程共享
sock.close()	关闭套接字

（续表）

名称	描述
sock.detach()	在未关闭文件描述符的情况下关闭套接字，返回文件描述符
sock.ioctl()	控制套接字的模式（仅支持 Windows）
面向阻塞的套接字方法	
sock.setblocking()	设置套接字的阻塞或非阻塞模式
sock.gettimeout()	获取阻塞套接字操作的超时时间
面向文件的套接字方法	
sock.fileno()	套接字的文件描述符
sock.makefile()	创建与套接字关联的文件对象
数据属性	
sock.family	套接字家族
sock.type	套接字类型
sock.proto	套接字协议

socket 模块除了 socket 类外，还有一些功能函数、常量及异常。这里仅就一些常用的功能函数做一个介绍。

（1）socket.socketpair()函数根据给定的地址簇、套接字类型和协议号创建一对已连接的 socket 对象。

 该函数在 Python 3.5 后才添加了对 Windows 的支持。

（2）socket.create_connection()函数创建一个 TCP 服务监听网络地址（一维数组（主机、端口））的连接，并返回套接字对象。这是比 socket.connect()更为高级的函数，如果主机是一个非数字的主机名，就将试图解决 AF_INET 和 AF_INET6，然后尝试连接所有可能的地址，直到连接成功。这使它易于编写客户 IPv4 和 IPv6 是兼容的。

（3）socket.SocketType 为套接字对象类型的 Python 类型对象，等同于 type(socket(…))。

（4）socket.getaddrinfo()函数将主机/端口参数转换为五元组序列，包含创建连接该服务套接字的所有参数。参数 host 和 port 为必选，参数 type、proto、flags 皆为 0。

```
>>> import socket
>>> socket.getaddrinfo("baidu.com", port=80)
[(<AddressFamily.AF INET: 2>, 0, 0, '', ('220.181.57.216', 80)),
(<AddressFamily.AF_INET: 2>, 0, 0, '', ('123.125.115.110', 80))]
```

从返回结果可以很清楚域名所对应的 IP 地址，不过也可以得知百度域名对应的 IP 有两个，事实该函数返回的五元组结构如下：

```
(family, type, proto, canonname, sockaddr)
```

举例来看：

```
>>> socket.getaddrinfo("example.org", 80, proto=socket.IPPROTO_TCP)
[(<AddressFamily.AF_INET: 2>, 0, 6, '', ('93.184.216.34', 80))]
```

从上面两个实例可以看出，sockaddr 在 IPv4 上是一个二元组(addess, port)，在 IPv6 上是一个四元组(address, port, flow into, scope id)。

（5）socket.getfqdn()函数返回限制域名名称。如果参数 name 为省略或为空，就解释为本地主机。代码如下：

```
>>> socket.getfqdn()
'DESKTOP-B97M55J'
>>> socket.getfqdn('baidu.com')
'baidu.com'
>>> socket.getfqdn('123.115.57.216')
'123.115.57.216'
```

（6）socket.gethostbyname()函数将主机名转换为 IPv4 地址格式。参数 hostname 既可为主机名，也可为 IPv4 地址，为 IPv4 地址时返回不变。

 该函数不支持 IPv6 名称解析。

```
>>> socket.gethostbyname('baidu.com')
'123.125.115.110'
>>> socket.gethostbyname('123.125.115.110')
'123.115.57.216'
```

（7）socket.gethostbyname_ex()将主机名转换为 IPv4 地址，返回一个三元组(hostname, aliaslist, ipaddrlist)，其中 aliaslist 列表（可能为空）的替代为同一地址，主机名可能对应 ipaddrlist 的元素不只一个。

```
>>> socket.gethostbyname_ex('baidu.com')
('baidu.com', [], ['123.125.115.110', '220.181.57.216'])
```

从代码可以看出，主机 baidu.com 对应了两个 IP 地址。

（8）socket.gethostname()返回包含机器主机名的字符串，执行于 Python 解析器中。

```
>>> socket.gethostname()
' DESKTOP-B97M55J'
```

更多情况可查看表 13-4，这个表格对整个 socket 模块的属性、异常、方法做了小结。

表 13-4　socket 模块属性、异常、方法及其描述

属性名称	功能描述
AF_UNIX、AF_INET、AF_INET6 、AF_NETLINK 、AF_TIPC	Python 中支持的套接字地址家族
SO_STREAM、SO_DGRAM	套接字类型（TCP=流，UDP=数据报）
has_ipv6	指示是否支持 IPv6 的布尔标记
异常	
error	套接字相关错误
herror	主机和地址相关错误
gaierror	地址相关错误
timeout	超时时间
方法	
socket()	以给定的地址家族、套接字类型和协议类型（可选）创建一个套接字对象
socketpair()	以给定的地址家族、套接字类型和协议类型（可选）创建一对套接字对象
create_connection()	常规函数，接收一个地址（主机名，端口号）对，返回套接字对象
fromfd()	以一个打开的文件描述符创建一个套接字对象
ssl()	通过套接字启动一个安全套接字层连接，不执行证书验证
getaddrinfo()	获取一个五元组序列形式的地址信息
getnameinfo()	给定一个套接字地址，返回（主机名，端口号）二元组
getfqdn()	返回完整的域名
gethostname()	返回当前主机名
gethostbyname()	将一个主机名映射到它的 IP 地址
gethostbyname_ex()	gethostbyname()的扩展版本，返回主机名、别名主机集合和 IP 地址列表
gethostbyaddr()	将一个 IP 地址映射到 DNS 信息，返回与 gethostbyname_ex()相同的三元组
getprotobyname()	将一个协议名（如'tcp'）映射到一个数字
getservbyname()/getservbyport()	将一个服务名映射到一个端口号，或者反过来；对于任何一个函数来说，协议名都是可选的
ntohl()/ntohs()	将来自网络的整数转换为主机字节顺序
htonl()/htons()	将来自主机的整数转换为网络字节顺序
inet_aton()/inet_ntoa()	将 IP 地址八进制字符串转换成 32 位的包格式，或者反过来（仅用于 IPv4 地址）
inet_pton()/inet_ntop()	将 IP 地址字符串转换成打包的二进制格式，或者反过来（同时适用于 IPv4 和 IPv6 地址）
getdefaulttimeout()/setdefaulttimeout()	以秒（浮点数）为单位返回默认套接字超时时间，以秒（浮点数）单位设置默认套接字超时时间

接下来将利用 socket 模块处理网络程序。

13.2　使用 TCP 的服务器与客户端

TCP（Transmission Control Protocol，传输控制协议）是一种面向连接的、可靠的、基于字节流的传输层通信协议，由 IETF 的 RFC 793 定义。位于 IP/TCP 模型中的传输层是处在 IP 层之上、应用层之下的中间层，因此数据传出必须经过 IP 层。

从 TCP 定义来看，TCP 协议是一种可靠的协议，用于在不可靠的互联网络上提供可靠、端对端的字节流传输服务。

当应用层向 TCP 层发送用于网间传输、用 8 位字节表示的数据流，TCP 则把数据流分割成适当长度的报文段，然后将离散的报文组装成比特流。为了保障数据的可靠传输，会对从应用层传送到 TCP 实体的数据进行监管，并提供了重发机制和流控制。

13.2.1　TCP 工作原理

TCP 为了保证数据不发生丢失，对传输数据按字节进行了编号，编号的目的是为了保证传送到接收端的数据能够按序接收。接收端会对已经接收的数据发回一个确认。若发送端在规定时间内未收到有编号的数据，则将重新传送前面的数据。

TCP 当然并不会像我们一样使用顺序的整数作为数据包的编号，而是通过一个计数器记录发送的字节数。举个例子，如果数据流被切割为几个包，其中某个包大小为 1024 字节，序号为 3600，那么下一个数据包的序号就是 4624。这说明网络栈无须记录数据流是如何分割成数据包的。而且 TCP 初始序列号是随机选择的，这样可以避免 TCP 序号易于猜测而伪造数据进行欺骗或攻击。

TCP 无须按照数据包依次发送，可以一次性发送多个数据包，同时通过发送方传输的数据量大小进行减缓或暂停，即所谓的流量控制。TCP 如果发现数据包丢弃，就会减少每秒发送的数据量。

根据前面所讲的 socket 模块，我们如何进行 TCP 通信呢？使用 TCP 进行通信首先要从服务器开始，先初始化 Socket，然后绑定（bind）端口，对端口进行监听（listen），调用 accept 阻塞，等待客户端连接。这时如果某个客户端初始化一个 Socket，然后连接服务器（connect），如果连接成功，那么客户端与服务器端的连接就建立了。客户端发送数据请求，服务器端接收请求并处理请求，然后把回应数据发送给客户端，客户端读取数据，最后关闭连接，一次交互结束。

上述流程如图 13.4 所示。

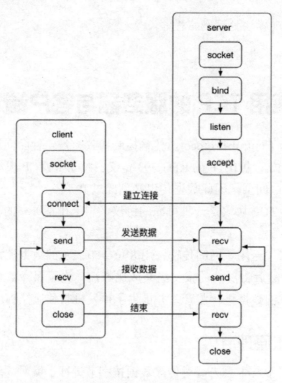

图 13.4　TCP 通信模式

13.2.2　TCP 服务器的实现

在使用 Python 进行网络编程时，大部分的网络通信都是基于 TCP 的，当然也有可能基于 13.3 节要讲的 UDP。

根据之前所学的，我们将使用 socket 模块相关知识来实现一个简易的 TCP 服务器。首先创建一个 TcpServer.py 文件，输入例子 13.1 所示的代码。

例子 13.1　TCP 服务器

```
01  import socket
02  from time import ctime
03
04  HOST = 'localhost'
05  PORT = 5008
06  BUF_SIZE = 1024
07  ADDRESS = (HOST, PORT)
08
09  if __name__ == '__main__':
10      # 新建 socket 连接
11      server_socket = socket.socket(socket.AF_INET, socket.SOCK_STREAM)
12      # 将套接字与指定的 ip 和端口相连
13      server_socket.bind(ADDRESS)
```

```
14        # 启动监听，并将最大连接数设为 5
15        server_socket.listen(5)
16        print("[***] 正在监听: %s:%d" % (HOST, PORT))
17        # setsocketopt() 函数用来设置选项，结构是 setsocketopt(level, optname,
value)
18        # level 定义了哪个选项将被使用，通常是 SOL_SOCKET，意思是正在使用的 socket 选
项。
19        # socket.SO_REUSEADDR 表示 socket 关闭后，本地端用于该 socket 的端口号立刻就
可以被重用。
20        # 通常来说，只有经过系统定义一段时间后才能被重用。
21        server_socket.setsockopt(socket.SOL_SOCKET, socket.SO_REUSEADDR, 1)
22        while True:
23            print(u'服务器等待连接...')
24        # 当有连接时，将接收到的套接字存到 client_sock 中，远程连接细节保存到 address 中。
25            client_sock, address = server_socket.accept()
26            print(u'连接客户端地址: ', address)
27            while True:
28                # 打印客户端发送的消息
29                data = client_sock.recv(BUF_SIZE)
30                if not data or data.decode('utf-8') == 'END':
31                    break
32            print("来自客户端信息: %s" % data.decode('utf-8'))
33            print("发送服务器时间给客户端: %s" % ctime())
34            try:
35                # 发送时间
36                client_sock.send(bytes(ctime(), 'utf-8'))
37            except KeyboardInterrupt:
38                print("用户取消")
39        # 关闭客户端 socket
40        client_sock.close()
41    # 关闭 socket
42    server_socket.close()
```

代码注释得很明白，这里就不做解释了。运行程序，会得到如图 13.5 所示的结果。

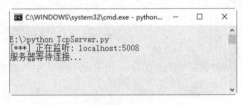

图 13.5　TcpServer.py 运行结果

TcpServer.py 的运行结果说明 TCP 服务器已经启动，等待客户端的连接。接着我们将对客户端进行实现。

13.2.3　TCP 客户端的实现

为了便于理解 TCP 连接，我们使用 TcpServer.py 提供端口和服务。在文件 TcpServer.py 同目录下创建一个 TcpClient.py 文件，输入如例子 13.2 所示的代码。

例子 13.2　TCP 客户端

```
01  import socket
02  import sys
03
04  HOST = 'localhost'
05  PORT = 5008
06
07  if __name__ == '__main__':
08      try:
09          sock = socket.socket(socket.AF_INET, socket.SOCK_STREAM)
10      except socket.error as err:
11          print("创建 socket 实例失败")
12          print("原因: %s" % str(err))
13          sys.exit();
14
15      print(u"socket 实例创建成功!")
16      try:
17          sock.connect((HOST, int(PORT)))
18          print("Socket 已经连接上目标主机: %s，连接的目标主机端口: %s" %
(HOST,PORT))
19          sock.shutdown(2)
20      except socket.error as err:
21          print("连接主机: %s 端口: %s 失败!" % (HOST,PORT))
22          print("原因: %s" % str(err))
23      sys.exit();
```

这里使用的主机和端口与 TcpServer.py 相对应，便于测试连接情况，运行结果如图 13.6 所示。

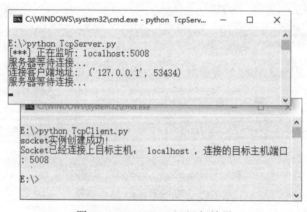

图 13.6　TcpClient.py 运行结果

我们可以修改 TcpClient.py，通过用户输入 TCP 服务器地址和端口进行测试连接。新建文件 TcpClientEx.py，输入如例子 13.3 所示的代码。

例子 13.3　测试连接

```
01    import socket
02    import sys
03
04    if __name__ == '__main__':
05        try:
06            sock = socket.socket(socket.AF_INET, socket.SOCK_STREAM)
07        except socket.error as err:
08            print("创建 socket 实例失败")
09            print("原因: %s" % str(err))
10            sys.exit();
11
12        print("socket 实例创建成功!")
13
14        HOST = input(u"输入目标主机: ")
15        PORN = input("输入目标主机端口: ")
16
17        try:
18            sock.connect((HOST, int(PORN)))
19            print("Socket 已经连接上目标主机: %s，连接的目标主机端口: %s" % (HOST,
PORN))
20            sock.shutdown(2)
21        except socket.error as err:
22            print("连接主机: %s 端口: %s 失败!" % (HOST, PORN))
23            print("原因: %s" % str(err))
24        sys.exit();
```

运行结果如图 13.7 所示，此时需要输入目标主机 localost 和端口 5008 才会连接到主机。

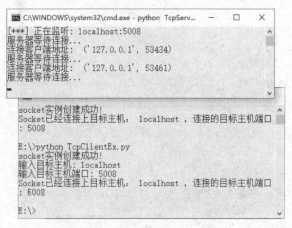

图 13.7　TcpClientEx.py 运行结果

13.3 使用 UDP 的服务器与客户端

UDP（User Datagram Protocol，用户数据报协议）是 OSI 参考模型中一种无连接的传输层协议，提供面向事务的简单不可靠信息传送服务。

跟 TCP 协议一样，UDP 在网络中用于处理数据包，不过它只负责将应用层的数据发送出去，不具备差错控制和流量控制功能。因此在传送过程中如果数据出错就要由高层协议处理。UDP 不需要具备差错控制和流量控制等功能的开销，使得数据传输效率高、延时小，适合用于对可靠性要求不高的应用，比如视频点播、QQ 等。

13.3.1 UDP 工作原理

UDP 使用底层互联网协议传送报文，提供不可靠的无连接的数据包传输服务。UDP 在 IP 报文的协议号为 17，其报文是封装在 IP 数据报中进行传输的。UDP 报文由 UDP 源端口字段、UDP 目标端口字段、UDP 报文长度字段、UDP 效验和字段以及数据区组成。首先通过端口机制进行复用和分解，每个 UDP 应用程序在发送数据报文之前必须与操作系统协商获取相应的协议端口及端口号，然后根据目的端口号进行分解，接收端使用 UDP 的效验进行确认查看 UDP 报文是否正确到达了目标主机的相应端口。

13.3.2 UDP 服务器的实现

由于 UDP 无须进行流量控制和差错控制，因此 UDP 服务器相比 TCP 服务器会简单很多。

接下来我们使用之前讲的 socket 模块来实现一个简单的 UDP 服务器。新建 UdpServer.py 文件，输入例子 13.4 所示的代码。

例子 13.4 UDP 服务器

```
01  import socket
02
03  MAX_SIZE = 5600
04  # 新建 socket 连接
05  sock = socket.socket(socket.AF_INET, socket.SOCK_DGRAM)
06  # 绑定主机和端口，主机为空表示任意主机
07  sock.bind(('localhost', 8005))
08
09  while True:
10      print(u'服务器等待连接...')
11      # 当有连接时，将接收到的数据存到 data 中，远程连接细节保存到 address 中
12      # MAX_SIZE 表示可接收最长为 5600 字节的信息
13      data, address = sock.recvfrom(MAX_SIZE)
14      data = data.decode()
```

```
15    resp = "UDP 服务器在发送数据"
16    # 发送数据包
17    sock.sendto(resp.encode(), address)
```

UDP 与 TCP 新建 socket 连接不同的是 socket.socket()第二个参数：TCP 使用 socket.SOCK_STREAM，而 UDP 则使用 socket.SOCK_DGRAM。上述代码的运行结果如图 13.8 所示。在网络传输发送接收数据以 bytes 进行，而不是 string，要不然会报错：TypeError: a bytes-like object is required, not 'str'。因此在传输过程中可以通过 encode()或 decode()进行编码或解码。如果是 str 转 bytes 就进行编码，比如上面代码要发送 resp 消息时必须进行编码转成 bytes，反之若是 bytes 就通过 decode()进行解码。

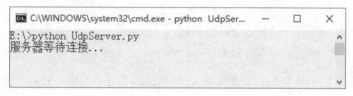

图 13.8　UdpServer.py 运行结果

13.3.3　UDP 客户端的实现

我们可以根据 UdpServer.py 创建一个客户端 UdpClient.py，发送一些数据到 UDP 服务器进行验证，代码如例子 13.5 所示。

例子 13.5　UDP 客户端

```
01  import socket
02
03  MAX_SIZE = 5600
04  # 新建 socket 连接
05  sock = socket.socket(socket.AF_INET, socket.SOCK_DGRAM)
06
07  MESSAGE = "UDP 服务器，你好！[握手中...]"
08
09  if __name__ == "__main__":
10      # 输入主机
11      HOST = input(u"输入目标主机: ")
12      # 输入端口
13      PORT = int(input(u"输入目标主机端口: "))
14      # 发送数据包
15      sock.sendto(MESSAGE.encode(), (HOST, PORT))
16      data, address = sock.recvfrom(MAX_SIZE)
17      print("来自 UDP 的回复:")
18  print(repr(data.decode()))
```

运行代码，结果如图 13.9 所示。

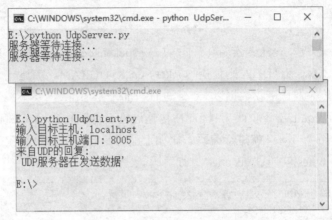

图 13.9　UdpClient.py 运行结果

输入 UDP 服务器地址和端口，然后发送数据，端口 UDP 服务器接到数据便解析，接着进行回复。图中"UDP 服务器在发送数据"就是 UDP 服务器回复的数据。

13.4　开始编程：网络聊天程序

【本节代码参考：C13\chat.py】

我们使用前面几节介绍的内容，创建一个简单的聊天小应用。这个程序同时包含了客户端和服务端，可以通过参数来确定程序启动的是客户端还是服务端。

新建文件 chat.py，输入例子 13.6 所示的代码。

例子 13.6　客户端和服务端

```
01    import socket
02    import argparse
03
04    HOST = '127.0.0.1'
05    PORT = 8080
06
07    def listen_socket(host, port):
08        """ 监听 socket TCP 连接 """
09        sock = socket.socket(socket.AF_INET, socket.SOCK_STREAM)
10        sock.setsockopt(socket.SOL_SOCKET, socket.SO_REUSEADDR, 1)
11        # 绑定端口，host 为''，表示监听所有端口
12        sock.bind((host, port))
13        # 监听最大连接数
14        sock.listen(100)
15        return sock
```

```python
16
17    def receive_msg(sock):
18        """ 解析数到数据 """
19        data = bytearray()
20        msg = ''
21        # 以及字节存储
22        while not msg:
23            recv = sock.recv(4096)
24            if not recv:
25                # 关闭 socket
26                raise ConnectionError()
27            data = data + recv
28            if b'\0' in recv:
29                # 判断收到数据，'\0'一直是最后的那个特征值。
30                msg = data.rstrip(b'\0')
31        msg = msg.decode('utf-8')
32        return msg
33
34    def prep_msg(msg):
35        """ 发送消息 """
36        msg += '\0'
37        return msg.encode('utf-8')
38
39    def send_msg(sock, msg):
40        """ 准备发送消息"""
41        data = prep_msg(msg)
42        sock.sendall(data)
43
44    def handle_client(sock, addr):
45        """ 接收客户端数据并回复 """
46        try:
47            msg = receive_msg(sock)   # 完成数据的接收
48            print('{}: {}'.format(addr, msg))
49            send_msg(sock, msg)   # 发送数据
50        except (ConnectionError, BrokenPipeError):
51            print('Socket 错误')
52        finally:
53            print('与{}连接关闭'.format(addr))
54            sock.close()
55
56    def server():
57        listen_sock = listen_socket(HOST, PORT)
58        addr = listen_sock.getsockname()
```

```
59        print('正在监听: {}'.format(addr))
60        while True:
61            client_sock, addr = listen_sock.accept()
62            print('连接来自: {}'.format(addr))
63            handle_client(client_sock, addr)
64
65  def client():
66      sock = socket.socket(socket.AF_INET, socket.SOCK_STREAM)
67      sock.connect((HOST, PORT))
68      while True:
69          try:
70              print('\n已经连接{}:{}'.format(HOST, PORT))
71              print("输入信息，按'enter'发送,'q'键取消")
72              msg = input()
73              if msg == 'q': break
74              send_msg(sock, msg)
75              print('发送消息: {}'.format(msg))
76              msg = receive_msg(sock)
77              print('收到回复: ' + msg)
78          except ConnectionError:
79              print('Socket 错误')
80              break
81
82          finally:
83              sock.close()
84              print('关闭连接\n')
85
86  if __name__ == '__main__':
87      choices = {'client': client, 'server': server}
88      parser = argparse.ArgumentParser(description='聊天小应用')
89      parser.add_argument('role', choices=choices, help='选择角色: client ,
或者 server。')
90      args = parser.parse_args()
91      execute = choices[args.role]
92      execute()
```

这个小应用与之前所讲的内容不同的是这里将客户端和服务端写在了同一个文件，通过控制台输入命令行参数执行。

执行 python chat.py 会报如下错误：

```
usage: chat.py [-h] {client,server}
chat.py: error: the following arguments are required: role
```

原因是需要添加角色，即 client 或 server。执行 python chat.py server，结果如图 13.10 所示。

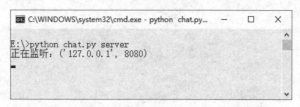

图 13.10 chat.py server 运行结果

执行 python chat.py client，结果如图 13.11 所示。

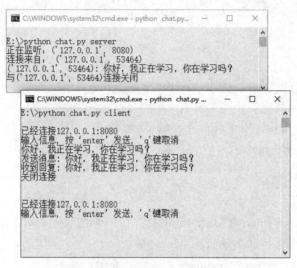

图 13.11 chat.py client 运行结果

输入信息，然后按 Enter 键，将会发送输入的信息到服务端，执行 client()函数，服务器接到客户端发来的信息，然后进行响应回复，执行 server()函数。

代码中引用了 Python 标准库模块 argparse。该模块主要用于解析命令行参数，编写用户友好的命令行界面，生成帮助信息，并且在所给参数无效时进行报错。使用 argparse 的第一步是创建一个 ArgumentParser 对象，然后通过 add_argument()添加参数。

13.5 本章小结

Python 的模块功能非常丰富，基本上不怎么需要使用网络编程来自己造轮子了，但网络编程也很重要，只有在底层了解了网络编程的运行原理，才能对轮子使用得更加得心应手。

第 14 章

◀ urllib 爬虫 ▶

urllib 是 Python 用来处理 URL（Uniform Resource Locator，统一资源定位符）的工具包，源码位于/Lib/下，其中包含几个模块：用于打开及读写 urls 的 request 模块；由 request 模块引起异常的 error 模块、用于解析 urls 的 parse 模块；用于响应处理的 response 模块，以及分析 robots.txt 文件的 robotparser 模块。本章利用该工具包进行爬虫讲解，毕竟爬虫在 Web 互联网数据采集中尤为重要。

本章的主要内容是：

- Python 2.X 与 Python 3.X 的 urllib*的不同：掌握不同之处，便于以后出现相关问题知道是由版本不同所导致的。
- request、error、parse、robotparser 模块的介绍：熟练应用这些模块，以便更好地进行爬虫实战。
- urllib 爬虫：实战体验 urllib 爬虫，掌握基本的爬虫方案。

14.1 urllib、urllib2、urllib3 的不同

简单地说，Python 2.X 包含 urllib、urllib2 模块，Python 3.X 把 urllib、urllib2 以及 urlparse 合成到 urllib 包中，而 urllib3 是新增的第三方工具包。

可以看出，Python 3.X 不像 Python 2.X 模块那样散乱，而是将相关的一些模块打成包，便于模块调用及持续维护。

> 如果在控制台中报"No module named urllib2"，就说明是 Python 3.X 环境，而代码是在 Python 2.X 下编写成的。

遇到"No module named urllib2""No module named parse.urlparse"等问题，几乎都是 Python 版本不同导致的。表 14-1 为 Python 2.X 下的 urllib、urllib2、urlparse 模块及 Python 3.X 下 urllib 包中不同函数或类的调取方式。

urllib3 是一个功能强大、条理清晰、用于 HTTP 客户端的 Python 库。它提供了许多 Python 标准库里所没有的重要特性：线程安全、连接池、客户端 SSL/TLS 验证、文件分部编码上传、协助处理重复请求和 HTTP 重定位、支持压缩编码、支持 HTTP 和 SOCKS 代理、100%测试覆盖率等。

urllib3 安装很简单，可直接通过 pip 进行安装：

```
C:\Users> pip install urllib3
```

如果想使用最新代码，可从其 GitHub 下载，或通过 git 客户端安装：

```
C:\Users> git clone git://github.com/shazow/urllib3.git
C:\Users> python setup.py install
```

表 14-1　urllib、urllib2、urlparse 模块及 urllib 包中不同函数或类的调取方式

Python 3.X 类/函数	Python 2 类/函数
urllib.request.urlretrieve()	urllib.urlretrieve()
urllib.request.urlcleanup()	urllib.urlcleanup()
urllib.parse.quote()	urllib.quote()
urllib.parse.quote_plus()	urllib.quote_plus()
urllib.parse.unquote()	urllib.unquote()
urllib.parse.unquote_plus()	urllib.unquote_plus()
urllib.parse.urlencode()	urllib.urlencode()
urllib.request.pathname2url()	urllib.pathname2url()
urllib.request.url2pathname()	urllib.url2pathname()
urllib.request.getproxies()	urllib.getproxies()
urllib.request.URLopener	urllib.URLopener
urllib.request.FancyURLopener	urllib.FancyURLopener
urllib.error.ContentTooShortError	urllib.ContentTooShortError
urllib.request.urlopen()	urllib2.urlopen()
urllib.request.install_opener()	urllib2.install_opener()
urllib.request.build_opener()	urllib2.build_opener()
urllib.error.URLError	urllib2.URLError
urllib.error.HTTPError	urllib2.HTTPError
urllib.request.Request	urllib2.Request
urllib.request.OpenerDirector	urllib2.OpenerDirector
urllib.request.BaseHandler	urllib2.BaseHandler
urllib.request.HTTPDefaultErrorHandler	urllib2.HTTPDefaultErrorHandler
urllib.request.HTTPRedirectHandler	urllib2.HTTPRedirectHandler
urllib.request.HTTPCookieProcessor	urllib2.HTTPCookieProcessor
urllib.request.ProxyHandler	urllib2.ProxyHandler
urllib.request.HTTPPasswordMgr	urllib2.HTTPPasswordMgr
urllib.request.HTTPPasswordMgrWithDefaultRealm	urllib2.HTTPPasswordMgrWithDefaultRealm

Python 3.X 类/函数	Python 2 类/函数
urllib.request.AbstractBasicAuthHandler	urllib2.AbstractBasicAuthHandler
urllib.request.HTTPBasicAuthHandler	urllib2.HTTPBasicAuthHandler
urllib.request.ProxyBasicAuthHandler	urllib2.ProxyBasicAuthHandler
urllib.request.AbstractDigestAuthHandler	urllib2.AbstractDigestAuthHandler
urllib.request.HTTPDigestAuthHandler	urllib2.HTTPDigestAuthHandler
urllib.request.ProxyDigestAuthHandler	urllib2.ProxyDigestAuthHandler
urllib.request.HTTPHandler	urllib2.HTTPHandler
urllib.request.HTTPSHandler	urllib2.HTTPSHandler
urllib.request.FileHandler	urllib2.FileHandler
urllib.request.FTPHandler	urllib2.FTPHandler
urllib.request.CacheFTPHandler	urllib2.CacheFTPHandler
urllib.request.UnknownHandler	urllib2.UnknownHandler
urllib.parse.urlparse	urlparse.urlparse
urllib.parse.urlunparse	urlparse.urlunparse
urllib.parse.urljoin	urlparse.urljoin
urllib.parse.urldefrag	urlparse.urldefrag
urllib.parse.urlsplit	urlparse.urlsplit
urllib.parse.urlunsplit	urlparse.urlunsplit
urllib.parse.parse_qs	urlparse.parse_qs
urllib.parse.parse_qsl	urlparse.parse_qsl
……	……

关于 urllib3 函数或类的调用不做太多讲解，这里举一个简单的例子：

```
>>> from urllib import request
>>> request.urlopen("http://www.baidu.com")
<http.client.HTTPResponse object at 0x0000022EFA892470>
```

如果读者想了解更多关于 urllib3 包的内容，可访问文档 https://urllib3.readthedocs.io/en/latest/ 。

14.2 urllib3 中的 request 模块

urllib.request 模块定义了在身份认证、重定向、cookies 等应用中打开 url（主要是 HTTP）的函数和类。

在这里得提一下 request 包。该包用于高级的非底层的 HTTP 客户端接口，容错能力比 request 模块强大。request 使用的是 urllib3，从其源码__init__.py 文件 import urllib3 就可以看出它继承了 urllib2 的特性，支持 HTTP 连接保持和连接池，支持使用 cookie 保持会话、支持文件上传、支持自动解压缩、支持 Unicode 响应、支持国际化的 URL 和 POST 数据自动编码、支持 HTTP(S)代理等。显然，这些功能在 Web 开发中很常见。如果读者想了解更多有关 request 包的内容，可访问其文档地址 https://requests.readthedocs.io/ 。

接下来对 urllib.request 模块定义的一些函数或类进行讲解。

14.2.1　对 URL 的访问

对 URL 的访问通过 urlopen()、build_opener()、build_opener()方法完成，下面依次介绍。

1. urlopen()

```
urllib.request.urlopen(url, data=None, [timeout, ]*, cafile=None,
capath=None, cadefault=False,context=None)
```

该函数是 urllib 模块中最为重要的函数之一，用于抓取 URL 数据。从函数定义可以看出它带有不少参数，一些参数是在版本更改中添加的。除 URL 外，其他几个参数都带有默认值，因此调用该函数时必须带有 URL 参数（传进来的网址可以是一个字符串，也可以是一个 Request 对象）。例子 14.1 就是一个演示示例。

例子 14.1　urllib.request.urlopen()

```
>>> from urllib import request
>>> with request.urlopen("http://www.baidu.com") as f:
...     print(f.status)
...     print(f.getheaders())
...
200
[('Bdpagetype', '1'), ('Bdqid', '0xdf15d1ea0006a42a'), ('Cache-Control',
'private'), ('Content-Type', 'text/html'), ('Cxy_all',
'baidu+f04cb43ce91ad48c927813f1cf3c462c'), ('Date', 'Tue, 31 Jul 2018 13:22:44
GMT'), ('Expires', 'Tue, 31 Jul 2018 13:22:40 GMT'), ('P3p', 'CP=" OTI DSP COR
IVA OUR IND COM "'), ('Server', 'BWS/1.1'), ('Set-Cookie',
'BAIDUID=A7B20A94301481FEE64D5EB6B9D1AC72:FG=1; expires=Thu, 31-Dec-37
23:55:55 GMT; max-age=2147483647; path=/; domain=.baidu.com'), ('Set-Cookie',
'BIDUPSID=A7B20A94301481FEE64D5EB6B9D1AC72; expires=Thu, 31-Dec-37 23:55:55
GMT; max-age=2147483647; path=/; domain=.baidu.com'), ('Set-Cookie',
'PSTM=1533043364; expires=Thu, 31-Dec-37 23:55:55 GMT; max-age=2147483647;
path=/; domain=.baidu.com'), ('Set-Cookie', 'delPer=0; expires=Thu, 23-Jul-
2048 13:22:40 GMT'), ('Set-Cookie', 'BDSVRTM=0; path=/'), ('Set-Cookie',
'BD_HOME=0; path=/'), ('Set-Cookie',
'H_PS_PSSID=26523_1461_26433_21079_26350_26922_20928; path=/;
domain=.baidu.com'), ('Vary', 'Accept-Encoding'), ('X-Ua-Compatible',
'IE=Edge,chrome=1'), ('Connection', 'close'), ('Transfer-Encoding',
'chunked')])]


>>>
```

输出的是响应的状态码及响应的头信息。至于返回对象为什么有 status 属性和 getheaders()方法，后续会有介绍。

如果向服务器发送数据，那么 data 参数必须是一个有数据的 bytes 对象，否则为 None。在 Python 3.2 之后可以是一个 iterable 对象。若是，则 headers 中必须带有 Content-Length 参数。HTTP 请求使用 POST 方法时，data 必须有数据；使用 GET 方法时，data 写 None 即可。

```
>>> from urllib import parse
>>> from urllib import request
>>> data = bytes(parse.urlencode({"pro": "value"}), encoding="utf8")
>>> response = request.urlopen("http://httpbin.org/post", data=data)
>>> print(response.read())
b'{\n  "args": {}, \n  "data": "", \n  "files": {}, \n  "form": {\n    "pro":
"value"\n  }, \n  "headers": {\n    "Accept-Encoding": "identity", \n
"Connection": "close", \n    "Content-Length": "9", \n    "Content-Type":
"application/x-www-form-urlencoded", \n    "Host": "httpbin.org", \n    "User-
Agent": "Python-urllib/3.6"\n  }, \n  "json": null, \n  "origin":
"58.20.12.197", \n  "url": "http://httpbin.org/post"\n}\n'
>>>
```

对数据进行 post 请求，需要转码 bytes 类型或 iterable 类型。这里通过 bytes()进行字节转换，考虑到第一个参数为字符串，所以需要利用 parse 模块下的 urlencode()方法对上传的数据进行字符串转换，同时指定了编码格式 utf8。（parse 模块及其函数将在后面进行讲解。）提交的网址 httpbin.org 可以提供 HTTP 请求测试。从返回的内容可以看出提交以表单 form 作为属性、以字典作为属性值。

timeout 参数是可选的，它以秒为单位指定一个超时时间。若超过该时间，则任何操作都会被阻止。如果没有指定，那么默认会取 socket.GLOBAL_DEFAULT_TIMEOUT 对应的值。其实这个参数仅仅对 http、https 和 ftp 连接有效。

```
>>> from urllib import request
>>> response = request.urlopen("http://httpbin.org/get", timeout=1)
>>> print(response.read())
b'{\n  "args": {}, \n  "headers": {\n    "Accept-Encoding": "identity", \n
"Connection": "close", \n    "Host": "httpbin.org", \n    "User-Agent": "Python-
urllib/3.6"\n  }, \n  "origin": "58.20.12.197", \n  "url": http://httpbin.org/get"\n}\n'
>>>
```

根据代码我们设置了超时时间是 1 秒，程序 1 秒过后服务器没有响应就会抛出 urllib.error.URLError :<urlopen error timed out>异常。

在实际开发中，常常会使用 try…except…来处理异常，以便根据代码异常情况进行相应的处理。

cafile、capath、cadefault 已被弃用，使用自定义 context 代替。从 context 参数定义来看：

```
context= ssl.create_default_context(ssl.Purpose.SERVER_AUTH,cafile=cafile,
capath=capath)
```

其必须是 ssl.SSLContext 类型，用来指定 SSL 设置。cafile 和 capath 两个参数用来指定 CA 证书和它的路径，在请求 HTTPS 链接时会有用。

该函数返回用作为 context manager（上下文管理器）的类文件对象并且包含如下方法：

- geturl()：返回一个资源索引的 URL，通常重定向后的 URL 照样能 get 到。
- info()：返回页面的元信息，如头信息。
- getcode()：返回响应后的 HTTP 的状态码。

除了上述 3 个方法外，还包括 getheaders()方法及 status 和 msg 属性。示例如下：

```
>>> from urllib import request
>>> response = request.urlopen("http://httpbin.org/get")
>>> response.geturl()
'http://httpbin.org/get'
>>> response.info()
<http.client.HTTPMessage object at 0x02D01F70>
>>> response.getcode()
200
>>> response.msg
'OK'
>>> response.status
200
>>> response.getheaders()
[('Connection', 'close'), ('Server', 'meinheld/0.6.1'), ('Date', 'Thu, 05
Apr 2018 08:42:35 GMT'), ('Content-Type', 'application/json'), ('Access-
Control-Allow-Origin', '*'), ('Access-Control-Allow-Credentials', 'true'),
('X-Powered-By', 'Flask'), ('X-Processed-Time', '0'), ('Content-Length',
'235'), ('Via', '1.1 vegur')]
>>>
```

从代码中可以看出，geturl()返回的是请求的 url；info()返回一个 httplib.HTTPMessage 对象，表示远程服务器返回的头信息；getcode()返回 HTTP 状态码 200，说明访问正常与 status 属性值是一样的，所以 msg 的属性必然为"OK"。

对于 HTTP 请求，不同的状态码对应不同的状态，常见的有 404、500 等。如以下 getcode()返回的状态码对应的问题：

- 1xx（informational）：请求已经收到，正在进行中。
- 2xx（successful）：请求成功接收，解析，完成。

- 3xx（Redirection）：需要重定向。
- 4xx（Client Error）：客户端问题，请求存在语法错误，网址未找到。
- 5xx（Server Error）：服务器问题。

> 该函数与 Python 2.X 版本中 urllib2.urlopen()函数的功能是相同的。

2. build_opener()

```
urllib.request.build_opener([handler1 [ handler2, ... ]])
```

urlopen()函数不支持验证、cookie 或者其他 HTTP 高级功能。要支持这些功能，必须使用 build_opener()函数创建自定义 OpenerDirector 对象，可称之为 Opener。参数 handler 是 Handler 实例，常用的有用于管理认证的 HTTPBasicAuthHandler、用于处理 Cookie 的 HTTPCookieProcessor、用于设置代理的 ProxyHandler 等。

build_opener()函数返回的是 OpenerDirector 实例，而且是按给定的顺序链接处理程序的。作为 OpenerDirector 实例，可从 OpenerDirector 类的定义看出它具有 addheaders、handlers、handle_open、add_handler()、open()、close()等属性或方法。open()方法与 urlopen()函数的功能相同。

例子 14.2 为相关演示示例。

例子 14.2　urllib.request. build_opener ()

```
>>> from urllib import request
>>> opener = request.build_opener()
>>> opener.addheaders = [('User-agent','Mozilla/5.0 (iPhone; CPU iPhone OS
11_0like Mac MAC OS X) AppleWebKit/604.1.38 (KHTML, like Gecko) Version/11.0
Mobile/15A372 Safari/604.1')]
>>> opener.open('http://www.baidu.com')
<http.client.HTTPResponse object at 0x0000022EFA8924E0>
>>> request.urlopen('http://www.baidu.com')
<http.client.HTTPResponse object at 0x0000022EFA89CDD8>
>>>
```

通过如上代码修改 http 报头进行 HTTP 高级功能操作，然后利用返回对象 open()进行请求，返回结果与 urlopen()一样，只是内存位置的不同而已。

实际上 urllib.request.urlopen()方法就是一个 Opener，如果安装启动器没有使用 urlopen 启动，调用的就是 OpenerDirector.open()方法。如何设置默认全局启动器呢？这将涉及下面的一个新函数。

3. install_opener()

```
urllib.request. install_opener(opener)
```

安装 OpenerDirector 实例作为默认全局启动器。

```
>>> from urllib import request
>>> auth_handler = request.HTTPBasicAuthHandler()
>>> auth_handler.add_password('admin', 'http://www.baidu.com', 'admin',
'12345678')
>>> opener = request.build_opener(auth_handler)
>>> request.install_opener(opener)
>>> request.urlopen('http://www.baidu.com')
<http.client.HTTPResponse object at 0x02C2C8B0>
>>>
```

 上述测试需要在有自己账户的一个网站进行，否则无法成功。

首先导入 request 模块，实例化一个 HTTPBasicAuthHandler 对象，然后通过利用 add_password()添加用户名和密码来建立一个认证处理器，利用 urllib.request.build_opener()方法来调用该处理器构建 Opener，并使其作为默认全局启动器 ，这样 Opener 在发送请求时具备了认证功能。通过 Opener 的 open()方法打开链接完成认证。当然这个实例是无法跑通的，所访问的 url 是无法直接输入用户名和密码的。

除了上述方法外，还有将路径转换为 URL 的 pathname2url(path)、将 URL 转换为路径的 url2pathname(path)以及返回方案至代理服务器 URL 映射字典的 getproxies()等。

14.2.2　Request 类

对于一般基本 URL 请求，我们使用 urlopen()就可以，如果需要添加 headers 信息，就要考虑更为强大的 Request 类了。Request 类是 URL 请求的抽象，包含了许多参数，并定义一系列属性和方法。

1. 定义

```
class urllib.request.Request(url, data=None, headers={}, origin_req_host=None, unverifiable=False,method=None)
```

参数 url 为有效网址的字符串，等同于 urlopen()方法的 url 参数。data 也一样。headers 很明显是一个字典，可以通过 add_header()以键值进行调用。这通常用于爬虫爬取数据时或者 Web 请求时更改 User-Agent 标头值参数来进行请求。origin_req_host 为原始请求主机，比如请求的是针对 HTML 文档中的图像的，则该请求主机是包含图像的页面所在的主机。Unverifiable 指示请求是否是无法验证的。method 指示使用的是 HTTP 请求方法。常用的有 "GET" "POST" "PUT" "HEAD" "DELETE" 等。

```
>>> from urllib import request
>>> from urllib import parse
>>> data = parse.urlencode({"name":"baidu"}).encode('utf-8')
>>> headers = {'User-Agent':'Mozilla/5.0 (Windows NT 10.0; WOW64
```

```
AppleWebKit/537.36 (KHTML, like Gecko) Chrome/50.0.2661.102 Safari/537.36'}
    >>> req = request.Request(url="http://httpbin.org/post", data=data,
headers=headers, method="POST")
    >>> response = request.urlopen(req)
    >>> response.read()
    b'{\n  "args": {}, \n  "data": "", \n  "files": {}, \n  "form": {\n
"name": "baidu"\n  }, \n  "headers": {\n    "Accept-Encoding": "identity", \n
"Connection": "close", \n    "Content-Length": "11", \n    "Content-Type":
"application/x-www-form-urlencoded", \n    "Host": "httpbin.org", \n    "User-
Agent": "Mozilla/5.0 (Windows NT 10.0; WOW64) AppleWebKit/537.36 (KHTML, like
Gecko) Chrome/50.0.2661.102 Safari/537.36"\n  }, \n  "json": null, \n  "origin":
"110.53.189.118", \n  "url": "http://httpbin.org/post"\n}\n'
    >>>
```

data 参数必须是字节流类型的，这些在前面都已涉及，不同的是调用 Request 类进行请求。

2. 属性方法

（1）Request.full_url

从代码定义可以看出 Request.full_url 是函数属性化处理，通过添加修饰器@property 将原始 URL 传递给构造函数。

```python
class Request:
……

    @property
    def full_url(self):
        if self.fragment:
            return '{}#{}'.format(self._full_url, self.fragment)
        return self._full_url

    @full_url.setter
    def full_url(self, url):
        # unwrap('<URL:type://host/path>') --> 'type://host/path'
        self._full_url = unwrap(url)
        self._full_url, self.fragment = splittag(self._full_url)
        self._parse()

    @full_url.deleter
    def full_url(self):
        self._full_url = None
        self.fragment = None
        self.selector = ''

……
```

full_url 属性包含 setter、getter 和 deleter。如果原始请求 URL 片段存在，那么得到的 full_url 将返回原始请求 URL 片段。例子 14.3 演示 Request.full_url 的使用。

例子 14.3　Request.full_url 的使用

```
>>> from urllib import request
>>> from urllib import parse
>>> req = request.Request('http://www.baidu.com')
>>> def request_host(request):
...:     url = request.full_url
...:     host = parse.urlparse(url)[1]
...:     if host == "":
...:         host = request.get_header("HOST","")
...:     return host.lower()
...:
...:
>>> request_host(req)
'www.baidu.com'
```

在定义 request_host()函数中可以看出，先获取请求对象的 URL，然后简析该 URL 取得主机地址。

（2）Request.type
获取请求对象的协议类型。

```
>>> req.type
'http'
```

（3）Request.host
获取 URL 主机，可能包含有端口的主机。

```
>>> req.host
'www.baidu.com'
```

（4）Request.orgin_req_host
发出请求的原生主机，没有端口。

```
>>> req.origin_req_host
'www.baidu.com'
```

其他属性不做介绍，比如 selector、data、method 等。

（5）Request.get_method()
返回显示 HTTP 请求方法的字符串。如果 Request.method 不是 None，则返回它值，否则返回 'GET'。如果 Request.data 是 None，就返回 'POST'。这是唯一有意义的 HTTP 请求。

Python 3.3+版本的变化：get_method 是 Request.method 的新形式。

```
>>> from urllib import request
>>> req = request.Request('http://www.python.org', method='HEAD')
>>> req.get_method()
'HEAD'
```

（6）Request. add_header(key, val)

向请求中添加标头，通过例子 14.4 来展示。

例子 14.4　Request. add_header 的使用

```
>>> from urllib import request
>>> from urllib import parse
>>> data = bytes(parse.urlencode({'name':baidu}), encoding='utf-8')
>>> req = request.Request('http://httpbin.org/post',data, method='POST')
>>> req.add_header('User-agent','Mozilla/5.0 (iPhone; CPU iPhone OS 11_0 l
    ...: ike Mac MAC OS X) AppleWebKit/604.1.38 (KHTML, like Gecko)
Version/11.0 Mo
    ...: bile/15A372 Safari/604.1')
>>> response = request.urlopen(req)
>>> print(response.read().decode('utf-8'))
{
  "args": {},
  "data": "",
  "files": {},
  "form": {
    "name": "baidu"
  },
  "headers": {
    "Accept-Encoding": "identity",
    "Connection": "close",
    "Content-Length": "11",
    "Content-Type": "application/x-www-form-urlencoded",
    "Host": "httpbin.org",
    "User-Agent": "Mozilla/5.0 (iPhone; CPU iPhone OS 11_0 like Mac MAC OS
X) AppleWebKit/604.1.38 (KHTML, like Gecko) Version/11.0 Mobile/15A372 Safari/604.1"
  },
  "json": null,
  "origin": "110.53.189.118",
  "url": "http://httpbin.org/post"
}
>>>
```

从代码可以看出，通过 add_header() 传入了 User-Agent。在爬虫过程中常常通过循环调入 add_header() 来添加不同的 User-Agent 进行请求，避免服务器针对某一 User-Agent 的禁用。

其他方法如 has_header()、remove_header()、get_full_url()、set_proxy() 等不做介绍。如果读者需要了解它们的使用方法，请查看 Python 文档或源代码。

14.2.3　其他类

BaseHandler 为所有注册处理程序的基类，并且只处理注册的简单机制。从定义来看，BaseHandler 非常简单，提供了一个添加基类的 add_parent() 方法。我们接下来介绍的这些类都是继承该类操作的。

- HTTPErrorProcessor：用于 HTTP 错误响应过程。
- HTTPDefaultErrorHandler：用于处理 HTTP 响应错误，错误都会抛出 HTTPError 类型的异常。
- ProxyHandler：用于设置代理。
- HTTPRedirectHandler：用于处理重定向。
- HTTPCookieProcessor：用于处理 Cookie。
- HTTPBasicAuthHandler：用于管理认证。

除了这些，当然还有许多类，这里不做过多介绍，读者可以查看其官方文档或源码。

14.3　request 引发的异常

error 模块定义了由 urllib.request 引发异常的异常类。从其源码可以看出有 3 个，分别为 URLError、HTTPError、ContentTooShortError。

URLError 是 OSError 的子类，用于处理程序在遇到问题时引导此异常（或派生异常）。HTTPError 是 URLError 的子类，在处理 HTTP 错误（比如认证请求）上很重要。根据服务器上 HTTP 响应返回的状态码，可以知道我们的访问是否成功。比如 200 状态码，表示请求成功。ContentTooShortError 与 HTTPError 一样是 URLError 的子类，通过 request.urlretrieve() 函数检测下载数据量小于 Content-Length 头指定的数据量时，引发该异常。

```
>>> from urllib import request
>>> from urllib import error
>>> req = request.Request('http://www.baidu.com/hack.html')
>>> try:
...:     response = request.urlopen(req)
...:     print(response.read())
...: except error.HTTPError as e:
...:      print(e.code)
```

```
        ...:
        ...:
404
```

运行之后得到 404 错误，说明请求的页面不存在。试着在浏览器打开，会发现 404 错误异常。

 注意

Python 2.X 与 Python 3.X 的 except… 写法是不同的。上述 except…代码在 Python 2.X 中的写法为 except HTTPError, e。

下载音乐或视频不完全时，会导致 ContentTooShortError 错误，下面举例说明：

```
>>> try:
        ...:        request.urlretrieve('http://www.iobigdata.com/pha/','ring.mp3')
        ...: except error.ContentTooShortError:
        ...:        print('内容未完全下好！')
        ...:
```

如果下载没有完成就会报错，否则不会。

14.4 解析 URL 的 parse 模块

parse 模块用于分解 URL 字符串为各个组成部分，包括寻址方案、网络位置、路径等，也能用于将这些部分组成 URL 字符串，同时可以对"相对"URL 进行转换。

14.4.1 URL 解析

URL 解析无非是将 URL 拆开为各部分，或将各部分组成完整的 URL 等。在这里我们将讲述常用的几个函数，如 urlparse()、urlunparse()、urlsplit()、urlunsplit()、urljoin()、urldefrag()等。

1. urllib.parse.urlparse(urlstring,scheme='',allow_fragments=True)

解析 URL 为 6 部分，返回一个 6 元组（tuple 子类的实例）。tuple 类具有表 14-2 所列的属性。

14-2 返回元组具有的属性及其说明

属性	说明	对应下标指数	不存在时的取值
scheme	URL 方案说明符	0	scheme 参数
netloc	网络位置部分	1	空字符串
path	分层路径	2	空字符串
params	最后路径元素的参数	3	空字符串

（续表）

属性	说明	对应下标指数	不存在时的取值
query	查询组件	4	空字符串
fragment	片段标识符	5	空字符串
username	用户名		None
password	密码		None
hostname	主机名（小写）		None
port	端口号（如果存在）		None

　　组成 URL 的一般结构为 scheme://netloc/path;parameters?query#fragment。下面通过例子 14.5 进行演示。

例子 14.5　Request. add_header 的使用

```
>>> from urllib.parse import urlparse
>>> res = urlparse('https://docs.python.org/3/whatsnew/3.7.html')
>>> res
ParseResult(scheme='https', netloc='docs.python.org', path='/3/whatsnew/
3.7.html', params='', query='', fragment='')


>>> res.scheme
'https'
>>> res.netloc
'docs.python.org'
>>> res.path
'/3/whatsnew/3.7.html'
>>> res.params
''
>>> res.query
''
>>> res.fragment
''
>>> res.username
>>> res.password
>>> res.hostname
'docs.python.org'
>>> res.port
>>> res.geturl()
'https://docs.python.org/3/whatsnew/3.7.html'
>>> tuple(res)
('https', 'docs.python.org', '/3/whatsnew/3.7.html', '', '', '')
>>> res[0]
'https'
>>> res[1]
'docs.python.org'
```

```
>>> res[2]
'/3/whatsnew/3.7.html'
>>>
```

从代码中我们很容易理解返回元组每一个元素对应的值。urlparse 有时并不能很好地识别 netloc，它会假定相对 URL 以路径分量开始。

```
>>> from urllib.parse import urlparse
>>> urlparse('//docs.python.org/3/whatsnew/3.7.html')
ParseResult(scheme='', netloc='docs.python.org', path='/3/whatsnew/3.7.
html', params='', query='', fragment='')
>>> urlparse('docs.python.org/3/whatsnew/3.7.html')
ParseResult(scheme='', netloc='', path='docs.python.org/3/whatsnew/3.7.
html', params='', query='', fragment='')
>>> urlparse('3/whatsnew/3.7.html')
ParseResult(scheme='', netloc='', path='3/whatsnew/3.7.html', params=''
, query='', fragment='')
>>>
```

从上述代码可以看出，urlparse 解析是有问题的，无法正确解析 netloc，而是将其取值放在 path 中。因此在开发过程中要特别注意该情况。

2. urllib.parse.urlunparse(parts)

从函数定义可以看出 urlunparse() 是 urlparse() 逆向操作，即将 urlparse() 返回的元组构建一个 URL。

```
>>> res
ParseResult(scheme='https', netloc='docs.python.org', path='/3/whatsnew
/3.7.html', params='', query='', fragment='')

>>> from urllib.parse import urlunparse
>>> urlunparse(res)
'https://docs.python.org/3/whatsnew/3.7.html'
```

res 为刚才定义的返回元组对象，urlunparse() 直接使用该对象构造了 URL。

3.urllib.parse.urlsplit(urlstring,scheme='',allow_fragments=True)

该函数类似 urlparse()，只是不会分离参数，即返回的元组对象没有 params 元素，是一个 5 元组，相应的下标指数也发生了改变。

```
>>> from urllib.parse import urlsplit
>>> sp = urlsplit('https://www.baidu.com/s?wd=python&ie=utf-8&tn=94100467_
    ...: hao_pg')
>>> sp
SplitResult(scheme='https', netloc='www.baidu.com', path='/s', query='
d=python&ie=utf-8&tn=94100467_hao_pg', fragment='')
```

除了少了 params，跟 urlparse()返回的结果差不多。

3.urllib.parse. urlunsplit(parts)

类似于 urlunparse(parts)。

4.urllib.parse. urljoin(base, url, allow_fragments=True)

该函数主要组合基本网址（base）与另外一个网址（url）构造新的完整网址。

```
>>> from urllib.parse import urljoin
>>> urljoin('http://news.baidu.com/z/resource/pc/staticpage/newscode.html'
...: , 'test/one.html')
'http://news.baidu.com/z/resource/pc/staticpage/test/one.html'
>>> urljoin('http://news.baidu.com/z/resource/pc/staticpage/newscode.html'
...: , './test/one.html')
'http://news.baidu.com/z/resource/pc/staticpage/test/one.html'
>>> urljoin('http://news.baidu.com/z/resource/pc/staticpage/newscode.html'
...: , '../test/one.html')
'http://news.baidu.com/z/resource/pc/test/one.html'

>>> urljoin('http://news.baidu.com/z/resource/pc/staticpage/newscode.html'
...: , '/test/one.html')
'http://news.baidu.com/test/one.html'
```

从代码可以看出，相对路径和决对路径的 url 组合是不同的，而且相对路径是以最后部分路径进行替换处理的。

 注意

如果 url 是绝对网址（以//或 scheme://开头），那么 url t5>的主机名和/或方案将出现在结果中。

5.urllib.parse. urldefrag(url)

根据 url 进行分开，如果 url 包含片段标识符，就返回 url 对应片段标识符前的网址，fragment 取片段标识符后的值，其下标指数固然也就是 1 了；如果 url 没有片段标识符，那么 fragment 为空字符串。

```
>>> from urllib.parse import urldefrag

>>> urldefrag('http://www.python.com/download/soft.html#python3.7)
DefragResult(url='http://www.python.com/download/soft.html', fragment='python3.7')
```

该代码带片段标识符 url 地址是虚拟的，从结果可以很明显地看出 urldefrag()函数的功能。

14.4.2　URL 转义

URL 转义可以避免 URL 有些字符引起歧义，通过引用特殊字符并适当编码非 ASCII 文本，使其作为 URL 组件安全使用。当然也支持反转这些操作以便从 URL 组件内容重新创建原始数据。

1.urllib.parse.quote(string,safe='/',encoding=None,errors=None)

通过使用%xx 转义替换 string 中的特殊字符，其中字母、数字和字符'_-'不会进行转义。默认情况下，此函数用于转义 URL 的路径部分。可选的 safe 参数指定不应转义的其他 ASCII 字符——其默认值为'/'。

```
>>> from urllib.parse import quote
>>> quote('http://www.python.com/download/soft.html#python3.7&country=chin
    ...: a')
'http%3A//www.python.com/download/soft.html%23python3.7%26country%3Dchi
na'

>>> quote('http://www.python.com/download/soft.html#python3.7&country=chin
    ...: a', safe='/=')
'http%3A//www.python.com/download/soft.html%23python3.7%26country=china
'
```

从输出结果可以看出“：”替换为“%3A”、“#”替换为“%23”、“&”替换为“%26”、“=”替换为“%3”。In[46]设置了 safe 为‘/=’后，‘=’就没有进行转义了。

参数 string 既可以是字符串，也可以是 bytes 类型。参数 encoding 用来指定编码格式，默认为‘utf-8’，其默认编码满足了大部分需求。errors 在处理非 ASCII 字符中指定，默认为‘strict’，对于不支持的字符会引发 UnicodeEncodeError 错误。

> 如果 string 参数是 bytes，encoding 和 errors 就无法指定，否则会报 TypeError 错误。

```
>>> from urllib.parse import quote
>>>
quote(bytes('http://www.python.com/download/soft.html#python3.7&country
    ...: =china', encoding='utf-8'), safe='/=', encoding='utf-8')
----------------------------------------------------------------------------
TypeError                                Traceback (most recent call last)
<ipython-input-5-3600e155b0b3> in <module>()
----> 1
quote(bytes('http://www.python.com/download/soft.html#python3.7&country=
china', encoding='utf-8'), safe='/=', encoding='utf-8')

c:\python37-32\lib\urllib\parse.py in quote(string, safe, encoding, errors)
    782     else:
```

```
     783        if encoding is not None:
 --> 784            raise TypeError("quote() doesn't support 'encoding' for
bytes")
     785        if errors is not None:
     786            raise TypeError("quote() doesn't support 'errors' for
bytes"
)

TypeError: quote() doesn't support 'encoding' for bytes
```

从上述代码可以看出，当参数为 bytes 类型时，说明在 bytes()中的参数已经进行
encoding 指定，无须在 quote()函数中指定了，否则就会报 TypeError 错误。

2.urllib.parse.unquote(string, encoding='utf-8', errors='replace')

该函数很显然是 quote()的逆向操作，即将%xx 转义为等效的单字符。参数 encoding 和
errors 用来指定%xx 编码序列解码为 Unicode 字符，如同 bytes.decode()方法。

此处的 string 必须为字符串，而不能是 bytes 类型。

```
>>> from urllib.parse import unquote

>>> a = quote(bytes('http://www.python.com/download/soft.html#python3.7&co
    ...: untry=china', encoding='utf-8'), safe='/=')

>>> type(a)
str

>>> a
'http%3A//www.python.com/download/soft.html%23python3.7%26country=china
'
>>> unquote(a)
'http://www.python.com/download/soft.html#python3.7&country=china'
```

quote()函数返回的是字符串，转义的字符通过 unquote()进行了转码。

3. urllib.parse.quote_plus(string, safe='', encoding=None, errors=None)

该函数是 quote()的增强版，跟 quote()的功能差不多，不同的是用"+"替换空格（在提
交表单值构建字符串进入 URL 请求时，这是必须的），而且如果原始 URL 有字符，那么
"+"将被转义。

```
>>> from urllib.parse import quote_plus, quote

>>> a = quote(bytes('http://www.python.com/download/soft.html#python3.7&co
    ...: untry+china is my love', encoding='utf-8'), safe='/=')
```

```
>>> a
'http%3A//www.python.com/download/soft.html%23python3.7%26country%2Bchi
na%20is%20my%20love'

>>> b = quote_plus(bytes('http://www.python.com/download/soft.html#python3
...: .7&country+china is my love', encoding='utf-8'), safe='/=')

>>> b
'http%3A//www.python.com/download/soft.html%23python3.7%26country%2Bchi
na+is+my+love'
```

在 quote_plus()函数下，字符 "+" 转义为 "%2B"，空格以 "+" 替换。

4.urllib.parse.unquote_plus(string, encoding='utf-8', errors='replace')

类似 unquote()，这里不做演示。

5.urllib.parse.urlencode(query, doseq=False, safe='', encoding=None, errors=None, quote_via=quote_plus)

读者应该会发现该函数在前面调用过。通常在使用 HTTP 进行 POST 请求对传递的数据进行编码时会使用该函数。

```
>>> from urllib import parse
>>> from urllib import request
>>> data = bytes(parse.urlencode({"pro": "value"}), encoding="utf8")

>>> response = request.urlopen("http://httpbin.org/post", data=data)

>>> response.read()
b'{\n  "args": {}, \n  "data": "", \n  "files": {}, \n  "form": {\n
"pro": "value"\n  }, \n  "headers": {\n    "Accept-Encoding": "identity", \n
"Connection": "close", \n    "Content-Length": "9", \n    "Content-Type":
"application/x-www-form-urlencoded", \n    "Host": "httpbin.org", \n    "User-
Agent":"Python-urllib/3.6"\n  }, \n  "json": null, \n  "origin":
"110.53.189.118", \n"url": "http://httpbin.org/post"\n}\n'
```

data 为所提交的数据。注意，该数据必须转换为 bytes 类型，或者使用 encode('ascii')进行编码。调用 urlencode()转换为%xx 编码的 ASCII 文本字符串。

除了上述函数外，还有 quote_from_bytes()、unquote_to_bytes()等，如果读者想了解更多，可查看官方文档或源码。

14.5 分析 robots.txt 文件

robotparser 模块很简单，整个源代码也就两百多行，仅定义了 3 个类（分别为 RobotFileParser、RuleLine、Entry），但从__all__属性来看也就 RobotFileParser 一个类（用于处理有关特定用户代理是否可以在发布 robots.txt 文件的网站上提取网址内容）了。robots.txt

可以说是一个协议文件，是搜索引擎访问网站时查看的第一个文件（会告诉爬虫或蜘蛛程序在服务器上可以查看什么文件）。

RobotFileParser 类有一个 url 参数，有 set_url()、read()、parse()、can_fetch()、mtime()、modified()等方法。set_url(url)用来设置指向 robots.txt 文件的网址。read()用来读取 robots.txt 网址，并将其提供给解析器。parse()用来解析 robots.txt 文件。can_fetch(useragent,url)用于判断是否可提取 url，如果允许 useragent 根据解析的 robots.txt 中的规则提取 url，就返回 True，否则就返回 False。mtime()返回上次抓取 robots.txt 时间。modified()将上次抓取 robots.txt 文件的时间设置为当前时间。

例子 14.6 用来演示一下 RobotFileParser 类的基本使用。

例子 14.6　RobotFileParser 的使用

```
>>> from urllib.robotparser import RobotFileParser as RbP
>>> rbp = RbP()
>>> rbp.set_url('http://www.baidu.com/robots.txt')
>>> rb_read = rbp.read()
>>> rbp.can_fetch('*', 'http://www.baidu.com')
False

>>> rbp.mtime()
1523200823.1784632

>>> rbp.modified()
>>> rbp.mtime()
1523200880.7127542

>>> rb_read
>>>
```

从代码中就可以清楚地知道各个方法的使用，这里不再赘述。

14.6　本章小结

Python 的 urllib 模块整合了大部分有关网络的功能。如果没有什么特殊的要求，基本上这一个模块就可以在网络编程方面打天下了。比 urllib 更方便的模块也不是没有，比如第三方模块 requests 就更加强大。如果只是单纯地使用，建议使用 requests；如果想顺便熟悉网络方面的原理，建议还是使用 urllib 模块。

第 15 章

◀ 网页爬虫实战 ▶

urllib 爬虫可以说是最基本最原始的爬虫方式，很多爬虫框架比如 Scrapy、Pyspider 都是在该包基础上建立起来的。掌握它对于我们以后进行爬虫编程尤为重要。至于什么是爬虫，通俗点说就是浏览网页信息时我们需要按照一些规则去检索，这个检索规则就是爬虫代码，实现的过程就是爬虫。简单爬虫只需要三步，也就是本章将要介绍的三个主要内容。

本章的主要内容是：

● 获取页面源码数据。
● 根据需要检索数据。
● 保存数据到本地。

15.1 获取页面源码

使用 Python 从服务器端获取浏览网页的源码（简单爬虫，不考虑 JavaScript 获取的数据）。在 Python 下可用的模块很多，这里使用 Python 3.7 的官方模块 urllib。

15.1.1 从网页获取数据

事实上，在第 14 章我们已经使用 urllib 包某些模块进行了爬虫编程。比如要读取 http://www.baidu.com 网页的内容，使用如下代码即可：

```
>>> from urllib import request
>>> res = request.urlopen('http://www.sogou.com')
>>> res.read()
b'<!DOCTYPE html>\r\n<html lang="cn">\r\n<head>\r\n
<script>window._speedMark = new Date();\r\n    window.lead_ip =
\'114.253.161.91\';window.now = 1533044746304;</script>    <meta charset="utf-
8">\r\n<link rel="dns-prefetch" href="//img01.sogoucdn.com"><link rel="dns-
prefetch" href="//img02.sogoucdn.com"><link rel="dns-prefetch"
href="//img03.sogoucdn.com">...
```

上述代码输出内容太多，此处只复制了一部分，不过可以从中看出其返回的是 bytes 类型。上述代码其实就是一个页面的爬取（爬取的是 http://www.sogou.com 网址所打开的页面），并将爬取页面网址传给变量 res，再用函数 read() 读取整个页面。

15.1.2　转换编码 UTF-8

如果想让代码更直观一点，即将返回的 ASCII 编码转换成我们需要的编码格式，如 UTF-8，可以参考例子 15.1 所示的操作。

例子 15.1　转换编码 UTF-8

```
>>> from urllib import request
>>> rr = request.urlopen('http://www.sogou.com').read()
>>> rr.decode('utf-8')
'<!DOCTYPE html>\r\n<html lang="cn">\r\n<head>\r\n
<script>window._speedMark = new Date();\r\n    window.lead_ip =
\'114.253.161.91\';window.now = 1533045011612;</script>    <meta charset="utf-
8">\r\n<link rel="dns-prefetch" href="//img01.sogoucdn.com"><link rel="dns-
prefetch" href="//img02.sogoucdn.com"><link rel="dns-prefetch"
href="//img03.sogoucdn.com"><link rel="dns-prefetch"
href="//img04.sogoucdn.com"><link rel="dns-prefetch"
href="//dlweb.sogoucdn.com">\r\n<title>搜狗搜索引擎 - 上网从搜狗开始
</title>\r\n<link rel="shortcut icon" href="/images/logo/new/favicon.ico?v=4"
type="image/x-icon">\r\n<meta http-equiv="X-UA-Compatible"
content="IE=Edge">\r\n<link rel="search"
type="application/opensearchdescription+xml" href="/content-search.xml"
title="搜狗搜索">\r\n<meta name="keywords" content="搜狗搜索,网页搜索,微信搜索,视频搜
索,图片搜索,音乐搜索,新闻搜索,软件搜索,问答搜索,百科搜索,购物搜索">\r\n<meta
name="description" content="中国领先的中文搜索引擎,支持微信公众号、文章搜索,通过独有的
SogouRank 技术及人工智能算法为您提供最快、最准、最全的搜索服务。">
……
```

如果继续以原来 res.read() 的代码进行操作，如 res.read().decode('utf-8')，得到的将是 ''，因为 read() 函数是一次读取的。除了 read() 读取外，还有 readline() 和 readlines()。其中 readline() 读取一行，readlines() 读取全部内容，不同的是 readlines() 会将读取内容传给一个列表变量。

上述控制台的操作从原理上说已经实现一个页面的爬虫，只不过还没有将其存储在本地文件或数据库中罢了。

15.1.3　添加关键字进行搜索

接下来我们通过修改报头、添加关键字进行搜索爬虫来完成 urllib 爬虫的学习。

修改报头已在之前模块介绍中进行了讲解，主要包含两种方法：

● 使用 build_opener() 修改报头。

● 使用 add_header()添加报头，关键字在 quote()函数中设置。

下面用例子 15.2 的代码进行演示。

例子 15.2　添加关键字进行搜索

```
>>> from urllib import request
>>> url = 'http://www.baidu.com/s?wd='
>>> key = '机器学习'
>>> key_url = request.quote(key)
>>> req = request.Request(url+key_url)
>>> req.add_header('User-Agent', 'Mozilla/5.0 (Windows NT 6.1; WOW64)
Apple...: WebKit/537.36 (KHTML, like Gecko) Chrome/65.0.3325.181
Safari/537.36')

>>> data = request.urlopen(req).read()
>>> file = open('index.html', 'wb')
>>> file.write(data)
322751

>>> file.close()
```

上述代码通过 quote()函数对关键字进行编码，编码之后再构造 URL，然后使用 Request 类（要添加报头，因此不使用 urlopen()）进行请求，接着对搜索关键字搜索页面进行爬虫操作，最后保存为 index.html。打开该页面，如图 15.1 所示。

图 15.1　爬取的搜索页面 index.html

15.2　过滤数据

获取到页面的源码数据后，需要将这些数据过滤一下，得到所需的有用信息。全部使用 Python 自带的 re 模块来过滤也是可以的，但这是最笨重最麻烦的办法，一般都是采用其他简单的爬虫工具来过滤，以 re 模块作为补充。这里介绍一款常用的爬虫工具——Beautiful Soup 4（简称 bs4）。

15.2.1　Beautiful Soup 简介

Beautiful Soup 是一个可以从 HTML 或 XML 文件中提取数据的 Python 库（第三方库，需要自行安装）。它能够通过你喜欢的转换器实现常用的文档导航、查找、修改文档的操作。Beautiful Soup 会帮我们节省数小时甚至数天的工作时间。

在使用 bs4 解析文档时，需要一款解析器。解析器既可以使用 Python 的标准库 html.parser，也可以使用 html5lib，但建议选择 bs4 官方推荐的 lxml。

> bs4 和 lxml 都是第三方的模块，都是需要自行安装的。

15.2.2　Beautiful Soup 的使用

bs4 使用比较简单。

（1）通过解析器将文本"初始化"为 soup 对象。例如：

```
from bs4 import BeautifulSoup
file = 'text.html'
soup = BeautifulSoup(open(file), 'lxml')
#soup = BeautifulSoup(HtmlCode, 'lxml')
```

（2）通过操作 soup 对象对文本进行操作。

● 　根据标签查找（type:bs4_obj）：

```
tag_p = soup.p
```

● 　获取属性：

```
name = tag_p.name
title = tag_p.attrs.get('title')
title = tag_p.get('title')
title = tag_p['title']
```

● 获取文本内容:

```
string = tag_p.string
text = tag_p.get_text()
content = tag_p.contents

#过滤注释内容
if type(tag_p.string)==bs4.element.Comment:
    print('这是注释内容')
else:
    print('这不是注释')
```

● 获取子孙节点（tpye:generator）:

```
descendants = soup.p.descendants
```

● find&&find_all 查找:

```
soup.find('a')
soup.find('a',title='hhh')
soup.find('a',id='')
soup.find('a',class_='')

soup.find_all('a')
soup.find_all(['a','p'])
soup.find_all('a',limit=2)
```

● select 选择（type:list）:

```
soup.select('.main > ul > li > a')[0].string
```

可以通过学习 bs4 的官方文档熟悉 bs4 的操作。在过滤这一环节，bs4 可能是最方便的过滤器了。正常情况下完全可以满足需要，如果有一些特殊的需求，再配合 re 模块足够完成任务需求。

15.3 数据保存

通过 bs4 过滤得到的数据既可以保存到本地文本，也可以保存到远程数据库（保存本地数据库更加无压力）。

15.3.1 保存数据到本地文本

我们可以通过接下来的代码实现将数据保存在本地文件，由于爬取的内容是页面代码（右击网页可查看源代码的内容），因此以 html 格式保存（毕竟爬取的是整个网页）。

```
>>> with open('index.html', 'wb') as f:
```

```
...:       f.write(rr)
...:
```

上述代码中对应的 rr 是前面所定义的，这里不能使用 rr.decode()写入，因为写入格式是 'wb'，不能以字符串形式写入，得以 bytes 写入。index.html 如果存在就覆盖，否则创建一个。当然，这里需要有创建的权限，在 Window 中就无须考虑该问题了。

至于 index.html 是否已下载，可以使用如下代码检验：

```
>>> with open('index.html', 'r', encoding='utf-8') as f:
...:       print(f.read())
...:
```

这样就会输入所得结果，当然也可以进入执行 ipython 的当前目录下查看是否存在 index.html 文件。

 这里记得加上 encoding 参数，要不然可能会报编码格式不对的错误。

这里使用 with 代码操作，省略了关闭该文件的操作。如果使用如下代码：

```
>>> from urllib import request
>>> res = request.urlopen('http://www.baidu.com')
>>> data = res.read()
>>> file = open('index.html', 'wb')
>>> file.write(data)
......
>>> file.close()
```

就得加上 close()函数关闭该文件了。

15.3.2　保存数据到数据库

本书以使用最广泛的 MySQL 数据库为例。Python 3.7 连接到 MySQL 数据库的模块推荐使用 PyMySQL 模块，可以使用 pip 安装这个模块：

```
pip install pymysql
```

使用 PyMySQL 将数据插入数据库中，参看例子 15.3（connDB.py）。

例子 15.3　使用 PyMySQL 将数据插入到数据库

```
#!/usr/bin/env python3

import pymysql

dbInfo = {
    'host': 'localhost', # mysql 服务器
```

```
    'port': 3306, # mysql 端口
    'user': 'xxx', # mysql 用户名
    'password': 'xxx', # mysql 用户密码
    'db': 'xxx' # 使用的数据库名
}

sqlCommands = ['xxx', 'yyy'] #需要执行的 sql 命令

class Save2DB(object):
    def __init__(self, dbInfo, sqlCommands):
        self.host = dbInfo.host
        self.port = dbInfo.port
        self.user = dbInfo.user
        self.password = dbInfo.password
        self.db = dbInfo.db
        self.sqlCommands = sqlCommands

        self.run()

    def run(self):
        sqlConn = pymysql.connect(
            host=self.host,
            port = self.port,
            user = self.user,
            password = self.password,
            db = self.db
        )  #连接到数据库
        cur = sqlConn.cursor()
        for command in self.sqlCommands:
            cur.execute(command)
        cur.close()
        sqlConn.commit()
        sqlConn.close()

if __name__ == '__main__':
    pass
```

connDB.py 只是一个简单的示例，健壮性不强。在连接数据库和执行 SQL 语句时需要考虑到异常的出现，请读者修改代码进行测试。

15.4 　本章小结

　　网页爬虫可以不借助框架，而使用第 14 章介绍的 urllib，但为了提高爬取效率和代码编写效率，也可以借助框架，比如本章介绍的 Beautiful Soup。希望读者通过本章的学习，不仅了解爬虫原理，还能学会站在巨人的肩膀上，利用别人的库做出更好的应用。

第 16 章

◀ Scrapy爬虫 ▶

网络爬虫的最终目的是从网页中截取自己所需的内容，以收集数据。最直接的方法是用 urllib2 请求网页得到结果，然后使用 re 取得所需的内容，但网站不可能都是统一的，爬取每个页面都可能需要进行微调。如果所有的爬虫都这样写，工作量未免太大了，所以才有了爬虫框架。

Python 下的爬虫框架有不少，最简单的就要数 Scrapy 了：首先，资料比较全，网上的指南、教程都比较多；其次，够简单，只要按需填空即可，简简单单地就能获取到所需的内容，使用起来非常方便。

本章的主要内容是：

- Scrapy 的安全。
- Linux 下的编辑器 vim。
- 选择器 XPath。
- Scrapy 实战。

16.1 安装 Scrapy

Scrapy 的官网是 http://scrapy.org/，目前最新版本是 Scrapy 1.5。Scrapy 的安装方式很多，官网上就给出了 4 种安装方法，即 PyPI、Conda、APT、Source 安装。

16.1.1 在 Windows 下安装 Scrapy

在 Windows 下安装 Scrapy 除了不能使用 APT 外，其他三种方法都是可以的。这里选择最简单的 PyPI 安装，也就是 pip 安装。用 pip 安装 Scrapy 的前提条件是已经安装好了 Python，并配置好了 pip 源。如果这些条件已经具备，安装 Scrapy 只需要打开 cmd、执行一条命令即可。打开 cmd 并执行命令：

```
pip install scrapy
```

执行结果如图 16.1 所示。

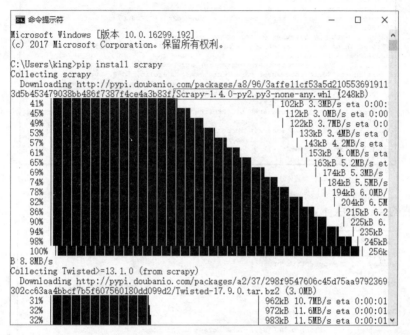

图 16.1   使用 pip 安装 Scrapy

在 Windows 下安装 Scrapy 可能会遇到依赖包 Twisted 无法安装的问题。此时需要安装 Anaconda 后使用 conda 包管理工具来安装 Scrapy for Python 3。

Anaconda 的下载地址为 https://www.anaconda.com/download/，然后使用如下命令安装 Scrapy：

```
conda install scrapy
```

16.1.2   在 Linux 下安装 Scrapy

在 Linux 下只能采取 pip 的安装方式来安装 Scrapy，只是要稍加注意。Linux 下默认安装了 Python 2 和 Python 3，因此需要稍微修改一下安装命令：

```
python3 -m pip install scrapy
```

执行结果如图 16.2 所示。

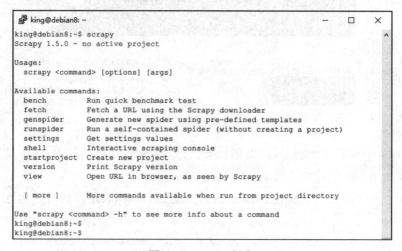

图 16.2　使用 apt-get 安装 scrapy

查看安装的 scrapy 版本，如图 16.3 所示。

```
king@debian8: ~                                            —    □    ×
king@debian8:~$ scrapy
Scrapy 1.5.0 - no active project

Usage:
  scrapy <command> [options] [args]

Available commands:
  bench         Run quick benchmark test
  fetch         Fetch a URL using the Scrapy downloader
  genspider     Generate new spider using pre-defined templates
  runspider     Run a self-contained spider (without creating a project)
  settings      Get settings values
  shell         Interactive scraping console
  startproject  Create new project
  version       Print Scrapy version
  view          Open URL in browser, as seen by Scrapy

  [ more ]      More commands available when run from project directory

Use "scrapy <command> -h" to see more info about a command
king@debian8:~$
king@debian8:~$
```

图 16.3　Scrapy 版本

现在 Scrapy 已经安装完毕，可以使用了。本节就以 Linux 为例来介绍如何使用该框架。

16.2　Scrapy 选择器 XPath 和 CSS

在使用 Scrapy 爬取数据前需要先了解 Scrapy 的选择器。在前面章节曾经提过，网络爬虫原理就是获取网页返回，然后提取所需的内容。获取网页返回很简单，重点在于提取内容。如何提取呢？使用 Python 的 re 模块？简单网页用 re 模块提取还可以，复杂一点的内容提取就麻烦了。我们可以使用 Scrapy 提供的简单方法来提取数据，无须自己编写新方法。

- Scrapy 提取数据有自己的一套机制。它们被称作选择器（seletors），通过特定的

XPath 或者 CSS 表达式来"选择"HTML 文件中的某个部分。

- XPath 是一种用来在 XML 文件中选择节点的语言，也可以用在 HTML 上。CSS 是一种将 HTML 文档样式化的语言。选择器由它定义，并与特定的 HTML 元素的样式相关联。

Scrapy 的选择器构建在 lxml 库之上，这意味着它们在速度和解析准确性上非常相似，所以可视自己喜好而定。

16.2.1　XPath 选择器

XPath 是一种在 XML 文档中查找信息的语言。XPath 可用来在 XML 文档中对元素和属性进行遍历。XPath 含有 100 多个内建的函数，可用于字符串值、数值、日期和时间比较、节点和 QName 处理、序列处理、逻辑值等。在网络爬虫中只需要利用 XPath "采集"数据，如果想深入研究，可参考 www.w3school.com.cn 中的 XPath 教程。

在 XPath 中，有 7 种类型的节点：元素、属性、文本、命名空间、处理指令、注释以及文档节点（或称为根节点）。XML 文档是被作为节点树来对待的。树的根被称为文档节点或者根节点。下面做一个简单的 XML 文件（参看例子 16.1），以便演示。

例子 16.1　XML 文件演示

```
cd
mkdir scrapy
cd code/scrapy
mkdir -pv scrapy/seletors
cd scrapy/seletors
vi superHero.xml
```

在这里创建了 scrapy 的工作目录 scrapyProject，并在该目录下创建了选择器的工作目录 seletors 以及演示文件 superHero.xml。superHero.xml 的代码如下：

```
01 <superhero>
02 <class>
03     <name lang="en">Tony Stark </name>
04     <alias>Iron Man </alias>
05     <sex>male </sex>
06     <birthday>1969 </birthday>
07     <age>47 </age>
08 </class>
09 <class>
10     <name lang="en">Peter Benjamin Parker </name>
11     <alias>Spider Man </alias>
12     <sex>male </sex>
13     <birthday>unknow </birthday>
14     <age>unknown </age>
15 </class>
16 <class>
17     <name lang="en">Steven Rogers </name>
```

```
    <alias>Captain America </alias>
    <sex>male </sex>
    <birthday>19200704 </birthday>
    <age>96 </age>
</class>
</superhero>
```

很简单的一个 XML 文件，在浏览器中打开的效果如图 16.4 所示。

```
This XML file does not appear to have any style information associated with it. The document tree is shown below.

▼<superhero>
  ▼<class>
      <name lang="en">Tony Stark</name>
      <alias>Iron Man</alias>
      <sex>male</sex>
      <birthday>1969</birthday>
      <age>47</age>
    </class>
  ▼<class>
      <name lang="en">Peter Benjamin Parker</name>
      <alias>Spider Man</alias>
      <sex>male</sex>
      <birthday>unknow</birthday>
      <age>unknown</age>
    </class>
  ▼<class>
      <name lang="en">Steven Rogers</name>
      <alias>Captain America</alias>
      <sex>male</sex>
      <birthday>19200704</birthday>
      <age>96</age>
    </class>
  </superhero>
```

图 16.4 选择器演示文件 superHero.xml

后面的选择器都以该文件为示例。在 superHero.xml 中，<superhero>是文档节点、<alias>Iron Man</alias>是元素节点、lang="en"是属性节点。

从节点的关系来看，第一个 Class 节点是 name、alias、sex、birthday、age 节点的父节点（Parent），反过来说，name、alias、sex、birthday、age 节点是第一个 Class 节点的子节点（Childer）。name、alias、sex、birthday、age 节点之间互为同胞节点（sibling）。这只是一个简单的例子，如果节点的“深度”足够，还会有先辈节点（Ancestor）和后代节点（Descendant）。

XPath 使用路径表达式在 XML 文档中选取节点。表 16-1 中列出了最常用的路径表达式。

表 16-1 路径表达式

表达式	描述
nodeName	选取此节点的所有子节点
/	从根节点选取
//	从匹配选择的当前节点选择文档中的节点，不考虑它们的位置
.	选取当前节点
..	选取当前节点的父节点
@	选取属性
*	匹配任何元素节点
@*	匹配任何属性节点
Node()	匹配任何类型的节点

下面用 XPath 选择器来"采集"XML 文件中所需的内容，做好准备工作。执行命令：

```
python3
from scrapt.selector import Selector
with open('./superHero.xml','r') as fp:
body = fp.read()
Selector(text=body).xpath('/*').extract()
```

首先启动 Python，导入 scrapy.selector 模块中的 Selector，然后打开 superHero.xml 文件，并将其内容写入 body 变量中，最后使用 XPath 选择器显示 superHero.xml 文件中的所有内容。执行结果如图 16.5 所示。

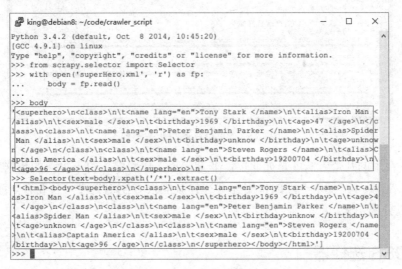

图 16.5　XPath 选择器准备工作

选择器在从根节点选择所有节点时得到的数据和直接从文件中读取的数据有点不一样。因为示例文件并不是一个标准的 HTML 文件，所以在选择器中自动添加了<html>和<body>标签。也就是说，在选择器看来，示例文件的根节点并不是<superhero>，而是<html>。

下面来看如何使用 XPath 选择器"收集"数据，如图 16.6 所示。

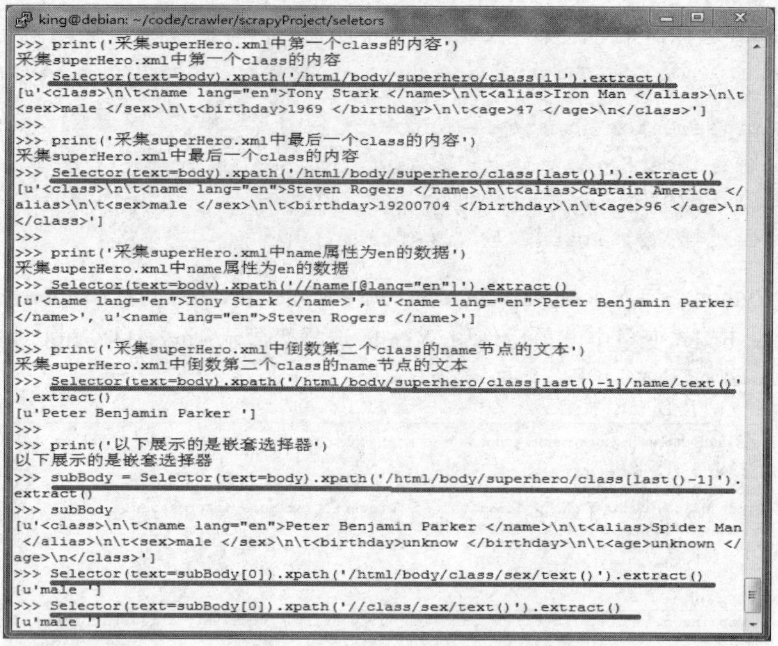

图 16.6　XPath 选择器收集数据

XPath 中常用的几个方法就是如此了，非常简单。"隐藏"得不太深的数据直接用 XPath 选择器挑选数据即可。复杂一点的，用配套选择就能很方便地完成。只要有点耐心，再复杂的数据也可以分离出来。

16.2.2　CSS 选择器

CSS 就是大家熟知的层叠样式表。CSS 规则由两个主要的部分构成：选择器以及一条或多条声明。

```
selector {declaration1; declaration2; ... declarationN }
```

CSS 是网页代码中非常重要的一环，即使不是专业的 Web 从业人员，也有必要认真学习一下。这里只简略介绍一下与爬虫密切相关的选择器。表 16-2 中列出了 CSS 经常使用的几个选择器。

表 16-2　CSS 选择器

.class	.intro	选择 class="intro"的所有元素
#id	#firstname	选择 id="firstname"的所有元素
*	*	选择所有元素
element	p	选择所有\<p\>元素
element,element	div,p	选择所有\<div\>元素和所有\<p\>元素
element element	div p	选择\<div\>元素内部的所有 p 元素
[attribute]	[target]	选择带有 target 属性的所有元素
[attribute=value]	[target=_blank]	选择 target="_blank"的所有元素

　　与 XPath 选择器相比较，CSS 选择器稍微复杂一点，但其强大的功能弥补了这一点缺陷。下面就来试验一下 CSS 选择器是如何收集数据的，参见图 16.7。

```
king@debian: ~/code/crawler/scrapyProject/seletors            _ □ X
>>> Selector(text=body).css('class').extract()
[u'<class>\n\t<name lang="en">Tony Stark </name>\n\t<alias>Iron Man </alias>\n\t
<sex>male </sex>\n\t<birthday>1969 </birthday>\n\t<age>47 </age>\n</class>', u'<
class>\n\t<name lang="en">Peter Benjamin Parker </name>\n\t<alias>Spider Man </a
lias>\n\t<sex>male </sex>\n\t<birthday>unknow </birthday>\n\t<age>unknown </age>
\n</class>', u'<class>\n\t<name lang="en">Steven Rogers </name>\n\t<alias>Captai
n America </alias>\n\t<sex>male </sex>\n\t<birthday>19200704 </birthday>\n\t<age
>96 </age>\n</class>']
>>>
>>> Selector(text=body).css('class name').extract()
[u'<name lang="en">Tony Stark </name>', u'<name lang="en">Peter Benjamin Parker
</name>', u'<name lang="en">Steven Rogers </name>']
>>>
>>> Selector(text=body).css('class name').extract()[0]
u'<name lang="en">Tony Stark </name>'
>>> Selector(text=body).css('[lang]').extract()[0]
u'<name lang="en">Tony Stark </name>'
>>> Selector(text=body).css('[lang="en"]').extract()
[u'<name lang="en">Tony Stark </name>', u'<name lang="en">Peter Benjamin Parker
</name>', u'<name lang="en">Steven Rogers </name>']
>>>
```

图 16.7　CSS 选择器收集数据

　　因为 CSS 选择器和 XPath 选择器都可以嵌套使用，所以它们可以互相嵌套，这样一来收集数据会更加方便。

16.2.3　其他选择器

　　XPath 选择器还有一个.re()方法，用于通过正则表达式来提取数据。不同于.xpath()或者.css()方法，.re()方法返回 unicode 字符串的列表，所以无法构造嵌套式的.re()调用，使用方法如图 16.8 所示。

```
>>>
>>> Selector(text=body).xpath('/html/body/superhero/class[1]').re('>.*?<')
[u'>Tony Stark <', u'>Iron Man <', u'>male <', u'>1969 <', u'>47 <']
>>>
```

图 16.8　re 选择器收集数据

　　这种方法并不常用，还不如在程序中添加代码，直接用 re 模块方便。

　　Scrapy 选择器建于 lxml 之上，所以也支持一些 EXSLT 扩展。这里就不做说明了，有兴趣的读者可以自行搜索。

16.3　Scrapy 爬虫实战：今日影视

　　打个比方，在前面章节中使用 re 模块爬取网页相当于写作文，使用 Scrapy 爬取就相当于做填空题，只需要把相应的要求填入空白框里就可以了。

16.3.1 创建 Scrapy 项目

似乎所有的框架都是从创建项目开始的，Scrapy 也不例外。在这之前要说明的是 Scrapy 项目的创建、配置、运行等操作，默认都是在终端下进行的。不要觉得很难，其实它真的非常简单，填空题而已。如果实在无法接受，也可以花点心思配置好 Eclipse，在这个万能 IDE 下操作。推荐在终端操作，虽然开始可能因为不熟悉而出现很多错误，不过错多了，印象就深刻了，也就自然学会了。打开 Putty 连接到 Linux，开始创建 Scrapy 项目。执行命令：

```
cd
cd code/scrapy/
scrapy startproject todayMovie
tree todayMovie
```

执行结果如图 16.9 所示。

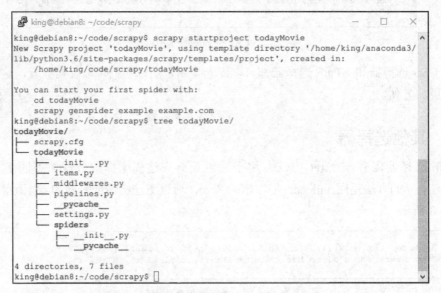

图 16.9　创建 todayMovie 项目

tree 命令将以树形结构显示文件目录结构。tree 命令默认情况下是没有安装的，可以执行命令 apt-get install tree 来安装这个命令。

这里可以很清楚地看到 todayMovie 目录下的所有子文件和子目录，至此 Scrapy 项目 todayMovie 基本上完成了。按照 Scrapy 的提示信息，可以通过 Scrapy 的 Spider 基础模板顺便建立一个基础的爬虫，相当于把填空题打印到试卷上，等待填空了。当然，也可以不用 Scrapy 命令建立基础爬虫，如果非要体验一下 DIY 也是可以的。这里我们还是怎么简单怎么来，按照提示信息，在终端执行命令：

```
cd todayMovie
scrapy genspider wuHanMovieSpider mtime.com
```

执行结果如图 16.10 所示。

```
4 directories, 7 files
king@debian8:~/code/scrapy$ cd todayMovie/
king@debian8:~/code/scrapy/todayMovie$ scrapy genspider wuHanmovieSpider mtime.c
om
Created spider 'wuHanmovieSpider' using template 'basic' in module:
  todayMovie.spiders.wuHanmovieSpider
king@debian8:~/code/scrapy/todayMovie$ []
```

图 16.10　创建基础爬虫

至此，一个基本的爬虫项目已经建立完毕，包含了一个 Scrapy 爬虫所需的基础文件。到这一步可以说填空题已准备完毕，后面的工作就纯粹是填空了。接下来介绍一下 scrapy genspider 命令，它是 scrapy 最常用的几个命令之一，使用方法如图 16.11 所示。

```
king@debian8: ~/code/scrapy/todayMovie                              —   □   ×
king@debian8:~/code/scrapy/todayMovie$ scrapy genspider -h
Usage
=====

  scrapy genspider [options] <name> <domain>

Generate new spider using pre-defined templates

Options
=======
--help, -h              show this help message and exit
--list, -l              List available templates
--edit, -e              Edit spider after creating it
--dump=TEMPLATE, -d TEMPLATE
                        Dump template to standard output
--template=TEMPLATE, -t TEMPLATE
                        Uses a custom template.
--force                 If the spider already exists, overwrite it with the
                        template

Global Options
--------------
--logfile=FILE          log file. if omitted stderr will be used
--loglevel=LEVEL, -L LEVEL
                        log level (default: DEBUG)
```

图 16.11　scrapy genspider 命令帮助

因此，上面的命令意思是使用 scrapy genspider 命令创建一个名字为 wuHanMovieSpider 的爬虫脚本，这个脚本搜索的域为 mtime.com。

16.3.2　Scrapy 文件介绍

Scrapy 项目的所有文件都已经到位，下面来看看各个文件的作用。

（1）最顶层的 todayMovie 文件夹是项目名，这个没什么好说的。

（2）第二层中有一个与项目同名的文件夹 todayMovie 和一个文件 scrapy.cfg。文件夹 todayMovie 是模块（也可以叫作包），所有的项目代码都在这个模块（文件夹或者包）内添加。scrapy.cfg 文件是整个 Scrapy 项目的配置文件，内容如下：

```
01 # Automatically created by: scrapy startproject
02 #
03 # For more information about the [deploy] section see:
04 # http://doc.scrapy.org/en/latest/topics/scrapyd.html
05
```

```
06 [settings]
07 default = todayMovie.settings
08
09 [deploy]
10 #url = http://localhost:6800/
11 project = todayMovie
```

除去以"#"为开头的注释行，整个文件只声明了两件事：一是定义默认设置文件的位置为 todayMovie 模块下的 settings 文件；二是定义项目名称为 todayMovie。

第二层中还有一个 spiders 的文件夹，下面有一个 __init__.py 文件，说明这个文件夹也是一个模块，包含本项目中所有的爬虫文件。

（3）在第三层中有 6 个文件和一个文件夹（实际上也是模块）。看起来很多，实际上有用的也就 3 个文件，即 items.py、pipelines.py、settings.py；其他的 3 个文件以 pyc 结尾的是同名 Python 程序编译得到的字节码文件，其中 settings.pyc 是 settings.py 的字节码文件，__init__.pyc 是 __init__.py 的字节码文件，用来加快程序的运行速度，可以忽视。__init__.py 文件是一个空文件，在此处的唯一作用就是将它的上级目录变成一个模块。也就是说，在第二层的 todayMovie 模块下，如果没有 __init__.py 文件，那么 todayMovie 就只是一个单纯的文件夹。在任何一个目录下添加一个空的 __init__.py 文件，就会将该文件夹编程模块化，可以供 Python 导入使用。

① settings.py 是上层目录中 scrapy.cfg 定义的设置文件，内容如下：

```
01 # -*- coding: utf-8 -*-
02
03 # Scrapy settings for todayMovie project
04 #
05 # For simplicity, this file contains only settings considered important or
06 # commonly used. You can find more settings consulting the documentation:
07 #
08 #     https://doc.scrapy.org/en/latest/topics/settings.html
09 #     https://doc.scrapy.org/en/latest/topics/downloader-middleware.html
10 #     https://doc.scrapy.org/en/latest/topics/spider-middleware.html
11
12 BOT_NAME = 'todayMovie'
13
14 SPIDER_MODULES = ['todayMovie.spiders']
15 NEWSPIDER_MODULE = 'todayMovie.spiders'
16
17
18 # Crawl responsibly by identifying yourself (and your website) on the
```

```
user-agent
    19 #USER_AGENT = 'todayMovie (+http://www.yourdomain.com)'
    20
    21 # Obey robots.txt rules
    22 ROBOTSTXT_OBEY = True
```

② items.py 文件的作用是定义爬虫最终需要哪些项，内容如下：

```
01 # -*- coding: utf-8 -*-
02
03 # Define here the models for your scraped items
04 #
05 # See documentation in:
06 # http://doc.scrapy.org/en/latest/topics/items.html
07
08 import scrapy
09
10
11 class TodaymovieItem(scrapy.Item):
12     # define the fields for your item here like:
13     # name = scrapy.Field()
14     pass
```

③ pipelines.py 文件的作用是扫尾。Scrapy 爬虫爬取了网页中的内容后，怎么处理这些内容就取决于 pipelines.py 了。pipeliens.py 文件的内容如下：

```
01 # -*- coding: utf-8 -*-
02
03 # Define your item pipelines here
04 #
05 # Don't forget to add your pipeline to the ITEM_PIPELINES setting
06 # See: http://doc.scrapy.org/en/latest/topics/item-pipeline.html
07
08
09 class TodaymoviePipeline(object):
10   def process_item(self, item, spider):
11       return item
```

④ __init__.py 、 __init__.pyc 文件刚才已经介绍过了，基本不起作用。wuHanMovieSpider.py 文件是刚才用 scrapy genspider 命令创建的爬虫文件，内容如下：

```
01 # -*- coding: utf-8 -*-
02 import scrapy
03
04
05 class WuhanmoviespiderSpider(scrapy.Spider):
```

```
06    name = "wuHanMovieSpider"
07    allowed_domains = ["mtime.com"]
08    start_urls = (
09        'http://www.mtime.com/',
10    )
11
12    def parse(self, response):
13        pass
```

在本次的爬虫项目示例中，需要修改、填空的只有 4 个文件，分别是 items.py、settings.py、pipelines.py、wuHanMovieSpider.py。其中，items.py 决定爬取哪些项目，wuHanMovieSpider.py 决定怎么爬，settings.py 决定由谁去处理爬取的内容，pipelines.py 决定爬取后的内容怎样处理。

16.3.3　选择爬取的项目

My first scrapy crawl 怎么简单、怎么清晰就怎么来。这个爬虫只爬取当日电影名字，所以只需要在网页中采集这一项即可。选择爬取的项目内容保存在 items.py 中。

修改 items.py 文件如下：

```
01 # -*- coding: untf-8 -*-
02
03 # Define here the models for your scraped items
04 #
05 # See documentation in:
06 # http://doc.scrapy.org/en/latest/topics/items.html
07
08 import scrapy
09
10
11 class TodaymovieItem(scrapy.Item):
12     # define the fields for your item here like:
13     # name = scrapy.Field()
14     #pass
15     movieTitleCn = scrapy.Field() #影片中文名
16     movieTitleEn = scrapy.Field() #影片英文名
17     director = scrapy.Field() #导演
18     runtime = scrapy.Field() #电影时长
```

注意

> 由于 Python 中严格的格式检查，因此最常见的异常 IndentationError 会经常出现。如果使用的编辑器是 vi 或者 vim，强烈建议修改 vi 的全局配置文件/etc/vim/vimrc，将所有的 4 个空格变成 tab。

与最初的 items.py 比较一下，修改后的文件只是按照原文的提示添加了需要爬取的项目，然后将类结尾的 pass 去掉了。这个类继承于 Scrapy 的 Item 类，没有重载 Python 类 __init__ 的解析函数，没有定义新的类函数，只定义了类成员。

16.3.4　定义如何爬取

怎样爬取的内容写在 wuHanMovieSpider.py 中。

修改 spiders/wuHanMovieSpider.py，内容如下：

```
01 # -*- coding: utf-8 -*-
02 import scrapy
03 from todayMovie.items import TodaymovieItem
04 import re
05
06
07 class WuhanmoviespiderSpider(scrapy.Spider):
08     name = "wuHanMovieSpider"
09     allowed_domains = ["mtime.com"]
10     start_urls = [
11
'http://theater.mtime.com/China_Hubei_Province_Wuhan_Wuchang/4316/',
12     ] #这个是武汉汉街万达影院的主页
13
14
15     def parse(self, response):
16         selector = response.xpath('/html/body/script[3]/text()')[0].extract()
17         moviesStr = re.search('"movies":\[.*?\]', selector).group()
18         moviesList = re.findall('{.*?}', moviesStr)
19         items = []
20         for movie in moviesList:
21             mDic = eval(movie)
22             item = TodaymovieItem()
23             item['movieTitleCn'] = mDic.get('movieTitleCn')
24             item['movieTitleEn'] = mDic.get('movieTitleEn')
25             item['director'] = mDic.get('director')
26             item['runtime'] = mDic.get('runtime')
27             items.append(item)
```

```
28        return items
```

在这个 Python 文件中，首先导入了 scrapy 模块，然后从模块（包）todayMovie 中的 items 文件中导入了 TodaymovieItem 类，也就是刚才定义需要爬取内容的那个类。WuhanmovieSpider 是一个自定义的爬虫类，是由 scrapy genspider 命令自动生成的。这个自定义类继承于 scrapy.Spider 类。第 8 行的 name 定义的是爬虫名。第 9 行的 allowed_domains 定义的是域范围，也就是说该爬虫只能在这个域内爬行。第 11 行的 start_urls 定义的是爬行的网页，这个爬虫只需要爬行一个网页，所以在这里 start_urls 可以是一个元组类型。如果需要爬行多个网页，最好使用列表类型，以便于随时在后面添加需要爬行的网页。

爬虫类中的 parse 函数需要参数 response（请求网页后返回的数据），至于怎么从 response 中选取所需的内容，一般采取两种方法：一是直接在网页上查看网页源代码；二是自己写一个程序，用 urllib.request 将网页返回的内容写入文本文件中，再慢慢地查询。

打开 Chrome 浏览器，在地址栏输入爬取网页的地址，打开网页，如图 16.12 所示。

图 16.12　爬虫来源网页

同一网页内的同一项目格式基本上都是相同的，即使略有不同，也可以通过增加挑选条件将所需的数据全部放入选择器。在网页中右击空白处，在弹出菜单中选择"查看网页源代码"，如图 16.13 所示。

图 16.13　查看网页源代码

打开源代码网页，按 Ctrl+F 组合键，在查找框中输入"寻梦环游记"后按回车键，查找结果如图 16.14 所示。

图 16.14　查找关键词

整个源代码网页只有一个查询结果，很明显。幸运的是，所有的电影信息都在一起，是以 json 格式返回的，可以很容易地转换成字典格式获取数据（也可以直接用 json 模块获取数据）。

怎样才能得到这个"字典"（json 格式的字符串）呢？如果嵌套的标签比较多，可以用 XPath 嵌套搜索的方式来逐步定位。由于这个页面的源码不算复杂，因此直接定位 Tag 标签后逐个确认标签就可以了。json 字符串包含在 script 标签内，数一下 script 标签的位置，在脚本中执行语句：

```
selector = response.xpath('/html/body/script[3]/text()')[0].extract(   )
```

首先选择页面代码中 html 标签中 body 标签下的第 4 个 script 标签，然后获取这个标签的所有文本并释放出来。选择器的选择到底对不对呢？可以验证一下，在该项目的任意一级目录下执行命令：

```
scrapy shell
http://theater.mtime.com/China_Hubei_Province_Wuhan_Wuchang/4316/
```

执行结果如图 16.15 所示。

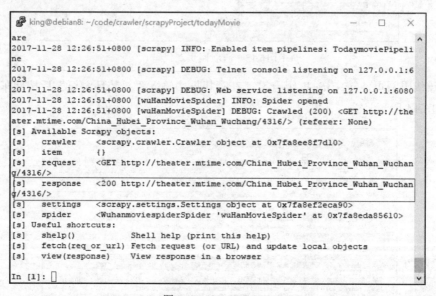

图 16.15   scrapy shell

response 后面的 200 是网页返回代码，代表获取数据正常返回，如果出现其他的数字，就要仔细检查代码了。现在可以放心验证了，执行命令：

```
selector = response.xpath('/html/body/script[3]/text()')[0].extract()
print(selector)
```

执行结果如图 16.16 所示。

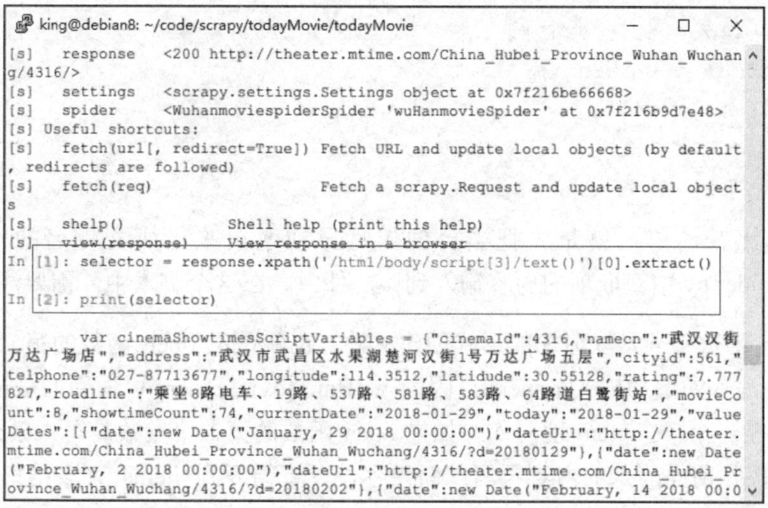

图 16.16 验证选择器

选择器的选择没问题。之后回头看看 wuHanMovieSpider.py 中的 parse 函数就很容易理解了。代码第 17、18 行先用 re 模块将 json 字符串从选择器的结果中过滤出来。第 19 行定义一个 items 的空列表（因为返回的 item 不止一个，所以只能让 item 以列表的形式返回）。第 21 行将 json 字符串转换成了一个 Python 字典格式。第 22 行将 item 初始化为一个 TodaymovieItem()类（从 todayMovie.items 中初始化过来的）。第 23~26 行将已经初始化类 item 中的 movieName 项赋值。第 27 行将 item 追加到 items 列表中。最后返回 items。（注意，这里返回的是 items，不是 item。）

16.3.5 保存爬取的结果

爬取结果保存在 pipelines.py 中。修改 pipelines.py，内容如下：

```
01 # -*- coding: utf-8 -*-
02
03 # Define your item pipelines here
04 #
05 # Don't forget to add your pipeline to the ITEM_PIPELINES setting
06 # See: http://doc.scrapy.org/en/latest/topics/item-pipeline.html
07
08 import codecs
09 import time
10
11 class TodaymoviePipeline(object):
12     def process_item(self, item, spider):
13         today = time.strftime('%Y-%m-%d', time.localtime())
14         fileName = '武汉汉街万达广场店' + today + '.txt'
15         with codecs.open(fileName, 'a+', 'utf-8') as fp:
16             fp.write('%s  %s   %s   %s \r\n'
```

```
17 %(item['movieTitleCn'],
18 item['movieTitleEn'],
19 item['director'],
20 item['runtime']))
21 #       return item
```

这个脚本比较简单，就是先把当日的年月日抽取出来当成文件名的一部分，再把 wuHanMovieSpider.py 中获取项的内容输入到该文件中。在这个脚本中，需要注意两点：

（1）open 函数必须是以追加的形式创建文件，也就是说 open 函数的第二个参数必须是 a，也就是文件写入的追加模式 append。因为 wuHanMovieSpider.py 返回的是一个 item 列表 items，所以只能一个一个 item 地写入。如果 open 函数的第二个参数是写入模式 write，造成的后果就是先擦除前面写入的内容再写入新内容，一直循环到 items 列表结束，最终文件里只保存了最后一个 item 的内容。

（2）保存文件中的内容若含有汉字则必须转换成 utf8 码。汉字的 unicode 码保存到文件中是无法被我们识别的，所以转换成可以被识别的 utf8。

到了这一步，Scrapy 爬虫基本已完成了。回到 scrapy.cfg 文件的同级目录下（实际上只要是在 todayMovie 项目下的任意目录中执行即可，之所以在这一级目录执行纯粹是为了美观），执行命令：

```
scrapy crawl wuHanMovieSpider
```

结果却什么都没有？为什么呢？

16.3.6 分派任务

先看看 settings.py 的初始代码，它仅指定了 Spider 爬虫的位置。再看看写好的 Spider 爬虫的开头，它导入 items.py 作为模块，也就是说现在 Scrapy 已经知道了爬取哪些项目、爬取方法。pipelines 说明了怎样处理最终的爬取结果。唯一不知道的就是由谁来处理这个爬行结果，这时就该 setting.py 出点力气了。setting.py 的最终代码如下：

```
01 # -*- coding: utf-8 -*-
02
03 # Scrapy settings for todayMovie project
04 #
05 # For simplicity, this file contains only the most important settings by
06 # default. All the other settings are documented here:
07 #
08 #     http://doc.scrapy.org/en/latest/topics/settings.html
09 #
10
11 BOT_NAME = 'todayMovie'
12
```

```
13 SPIDER_MODULES = ['todayMovie.spiders']
14 NEWSPIDER_MODULE = 'todayMovie.spiders'
15
16 # Crawl responsibly by identifying yourself (and your website) on the
user-a gent
17 #USER_AGENT = 'todayMovie (+http://www.yourdomain.com)'
18
19 ### user define
20 ITEM_PIPELINES = {'todayMovie.pipelines.TodaymoviePipeline':300}
```

　　跟初始的 settings.py 相比，就是在最后添加了一行 ITEM_PIPELINES。它告诉 Scrapy 最终的结果是由 todayMovie 模块中 pipelines 模块的 TodaymoviePipeline 类来处理的。ITEM_PIPELINES 是一个字典（字典的 key 用来处理结果的类，字典的 value 是这个类执行的顺序）。这里只有一种处理方式，value 填多少都没问题。如果需要多种处理结果的方法，就要确立顺序了：数字越小的越先被执行。

　　现在可以测试这个 Scrapy 爬虫了，还是执行命令：

```
scrapy crawl wuHanMovieSpider
ls
cat *.txt
```

执行结果如图 16.17 所示。

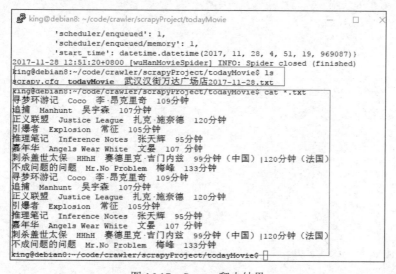

图 16.17　Scrapy 爬虫结果

　　这个简单的爬虫就介绍到这里了。从这个项目可以看出，Scrapy 爬虫只需要顺着思路照章填空即可。如果需要的项比较多、获取内容的网页源比较复杂或者不规范，可能会稍微麻烦一点，但处理起来基本上都是大同小异的。与前面的 re 爬虫相比，越复杂的爬虫就越能体现 Scrapy 的优势。

16.4 本章小结

　　本章详细介绍了 Scrapy 爬虫框架的使用，演示了 Scrapy 爬虫爬取网页的过程。从使用的难度来说，Scrapy 可以算得上是简单的爬虫了，简单到只需做填空题就能得到数据，而且也能很好地支持数据爬取的特殊要求。